U0396433

我们的广西
WOMEN DE
GUANGXI

广西盆地

GUANGXI PENDI

○ 傅中平 刘玲玲
叶枝 胡贵林

著

广西出版传媒集团
广西科学技术出版社

GUANGXI CHUBAN CHUANMEI JITUAN
GUANGXI KEXUE JISHU CHUBANSHE

"我们的广西"丛书

总 策 划：范晓莉

出 品 人：覃 超
总 监 制：曹光哲
监 　 制：何 骏 施伟文 黎洪波
统 　 筹：郭玉婷 唐 勇
审稿总监：区向明
编校总监：马丕环
装帧总监：黄宗湖
印制总监：罗梦来

装帧设计：陈 凌 陈 欢
版式设计：刘承致

前　言

广西地处我国大陆西南边陲，南临北部湾，北靠大陆腹地，西南与越南为邻，地理位置优越。广西总的地势西北高、东南低，呈四周高、中部低的盆地轮廓，海岸曲折，海岸线较长，港湾甚多，大小岛屿星罗棋布。广西具有山地多、河川多、岩溶广布、平原较少的地理特点，素有"八山一水一分田"之称。广西境内碳酸盐岩分布广泛，岩溶地貌广布，岩溶洞穴、地下河及大泉众多。气候属亚热带季风型，北回归线横贯广西中部，高温多雨，冬短夏长，气温与湿度适宜，山区气候垂直变化明显。亚热带、热带植被繁茂，生物资源及地下水资源丰富，自然景观奇特多样，景色宜人。

在二十几亿年漫长的地质历史时期里，多种沉积类型、多期次的地壳运动，导致广西大地地质构造复杂多变，岩浆活动频繁，有丰富的矿产资源。多方面的地质因素共同作用，曾使广西几度海陆变迁，沧海桑田，生物繁衍，演化发展，这些现象无不记录在岩石之内，显示于类型多样的地貌之中，从而形成了丰富多彩，可供人们研究、利用和观赏的珍贵资源。

广西盆地四周山脉走向为北东和北西，盆地中心向四周放射，与广西地质构造格架大致吻合，特别是与广西主要断裂走向基本一致。多年的找矿实践证明，广西盆地内有很多断裂构造可控矿，如金矿、铜矿、铅矿、锌矿等，故盆地地貌的研究也可指导找矿，并预测成矿远景。

盆地四周高山隆起过程反映了盆地成长是由北→东→南→西四周逐渐抬升的过程，这个过程也是广西盆地地质发展的历史。因此，研究这一历史，对探讨各地质时期岩相古地理环境、沉积矿产分布规律、地层划分对比有重要的科学价值。

盆地地貌内岩石类型多样，既有沉积岩，又有侵入岩、喷出岩、变质岩，而且每一类岩石种类繁多，这些岩石对矿产、地貌、地下水贮存、运移有控制作用。因此，深入研究岩石，对找矿、找水、旅游开发等工作意义重大。

盆地四周高山，从盆地中心海拔200多米到盆地边缘最高海拔2100多米，植物群落分带明显，即常绿阔叶林→针阔混交林→针叶林→灌丛→草甸，而且属种繁多。如今广西有维管束植物288科1717属8354种。在山区绝大多数野生动物中，陆栖脊椎野生动物有929种，其中属国家一级保护动物的有26种，属国家二级保护动物的有124种，属广西重点保护动物的有82种，属广西特有动物的有18种。这种植被分带，动植物属种丰富，在气候学、生物学科研教学方面有很高的科学价值。

在气候学方面，山高可挡风，山坳缺口可通风。广西盆地北边有凤凰山、九万大山、大苗山、元宝山、平天山、猫儿山、越城岭、海洋山、都庞岭，海拔多接近2000米，成为广西北部边缘的大屏障，冬天可抵挡北风带的寒潮，既可保持山南坡和盆地中部温暖湿润，又可保持广西秋去春来无冬天的特点，这有利于农作物生长，一年四季花果飘香。在大山之间有山坳，南北通风良好，夏季可让人避暑纳凉，更重要的是通风廊道可建立风力发电站，为人们带来清洁环保的新能源，例如贺州市富川瑶族自治县与湖南交界处的华润水泥厂、发电厂通风道的风力发电站。广西东部有大桂山、云开大山、六万大山，南部有十万大山、公母山、大青山，这些大山对夏秋季南海引来的台风（热带风暴）起到阻挡、降低风速的作用，从而减少了台风给沿途人民生命财产造成的损失。在六万大山与十万大山的空缺带，即北海到南宁，是广西出海大通道。这一神奇的通道是燥热季节海风送凉爽的通道，海风也送来温湿气流，滋润着盆地内的万物。但是有时台风来临，该通道便成了台风通道，狂风暴雨直逼盆地中心，给沿途人民生命财产带来严重损失。

盆地可"聚肥""聚气"。人们都知道，中国有"天府之国"四川盆地，广西盆地虽然比不上四川盆地经济发达（主要原因是广西开发晚，开发深度不够），但是发展潜力犹存。按照水往低处流的原理，盆地四周高山上的岩石、风化土、砂矿，以及植物季节性掉落的枯枝落叶和腐殖土逐步持续向山前凹陷盆地中心运移，故盆地内沃土成片，沉积砂矿可多点开花，为盆地现代农业和采矿业的发展提供坚实的基础。水往低处流，从高到低，可形成多级水力发电站，如红水河从隆林天生桥到桂平市大藤峡，建有十级水电站，丰富的电力资源为盆地人民奔小康提供能源支撑。人才集中于盆地中，为盆地开发带来聪明才智，为快速奔小康提供源源不断的文化、智力资源。

盆地内岩性复杂多样，在大自然鬼斧神工的缔造下形成众多可供人们观赏、独具魅力底蕴的奇峰怪石，如由碳酸盐岩形成的秀甲天下的岩溶地貌景观，由陆相红色砂砾岩演变的赤壁丹崖的丹霞地貌景观，由花岗岩经球状风化留下众多似人似物的怪石景观，等等。这些景观为广西发展旅游业奠定了雄厚的资源基础。

盆地四周的高山，冬天有雪景，北国风光显现；夏天有瀑布悬挂轰鸣，气候凉爽宜人，是避暑度假的好地方；春天山顶长满杜鹃，映山红遍，人在花中行，唯美浪漫；秋天峡谷两岸枫树穿插在常绿阔叶林中，呈现出"绿叶托红花"的效果，倒映水中，景色更佳。故盆地高山地貌对发展四季观光旅游有重要的现实意义。

总之，广西盆地区位优势明显，对该盆地的研究在地质找矿、找水，探讨盆地地质发展史、生态环境等方面有重要的科学价值，同时对预防台风、旅游观光、休闲度假等方面也有重要的实用价值。藉广西壮族自治区成立60周年之际，广西壮族自治区党委宣传部部署、广西出版传媒集团策划并组织下辖六家出版社实施大型复合出版工程"我们的广西"。我们撰著的《广西盆地》一书被列入"我们的广西"丛书，甚感荣幸。为了让人们更好地了解广西、热爱广西，共同建设广西、振兴广西，《广西盆地》采用精辟的文字和精美的图片，剖析宏观大盆地地质、地貌、岩性、气候特征，总结归纳了自中元古代至新生代广西大地地质发展历史，重点介绍了广西盆地内典型的、突出的、与人们生活息息相关的资源，分析了广西盆地经济、社会发展形势，展望美好未来。盆地研究成果对宣传广西，推动广西工农业、旅游业的发展，振兴广西经济具有重大的战略意义。

目　录

第一章 美丽富饶的广西盆地

广西盆地区位优势明显，整个地势自西北向东南倾斜，山岭连绵、山体庞大、岭谷相间，四周多被山地、高原环绕，呈盆地状，"广西盆地"因此得名。广西盆地轮廓的形成自中元古代至新生代，先后经历了大小21次地壳构造运动，沧海桑田，环境反复变更，直到距今2.35亿年晚三叠世才奠定了广西盆地的雏形。广西盆地内沉积环境多变，最终塑成了占广西土地总面积88.00%的沉积岩、9.03%的岩浆岩和2.97%的变质岩。盆地的构造格架和岩性控制着盆地的地貌形态分布，盆地地貌形态一般可分为隆起区、拗陷区、海槽区和残余海槽区4种类型，各类型特点显著。盆地内各类资源丰富，主要有矿产资源、土地资源、生物资源、水资源、气候资源和旅游资源6种。

一、广西地形地势

广西壮族自治区地处祖国南疆，位于全国地势第二台阶中的云贵高原东南边缘。东连广东，北接湖南，西北靠贵州，西与云南接壤，西南与越南毗邻，南临北部湾，即背靠大海，南眺东南亚，区位优势明显，土地总面积23.76万平方千米。

广西受印度洋板块冲撞影响，地势大致西北高、东南低，沿海地带低平，四周多被山脉、高原环绕，地形复杂。东北部属南岭山地，有猫儿山、越城岭、海洋山、都庞岭、萌渚岭等，山岭海拔一般为1500～1800米，不少山峰在2000米左右；东部和东南部有云开大山、六万大山、十万大山、大青山、公母山等，山岭海拔在1000米左右；西部是桂西岩溶高原，海拔在800米左右；西北属云贵高原边缘山地，主要有金钟山、青龙山、东风岭，海拔为1000～1500米，其中海拔1800米以上的山峰也不少；北部为凤凰山、九万大山、大苗山、八十里大南山和天平山，海拔在1500米左右；中部地势较低，海拔在200米以下。由于广西四周山岭连绵，层峦叠嶂，形成周高中低之势，故有"广西盆地"之称。

广西山系多呈弧形，层层相套。自北向南大致可分为4列：第一列为大苗山—九万大山，第二列为八十里大南山—天平山—凤凰山，第三列为驾桥岭—大瑶山—莲花山—镇龙山—大明山—都阳山（此列亦称"广西弧"），第四列为云开大山—六万大山—十万大山—大青山。受中部"广西弧"所隔，广西分成几个小盆地。弧形山脉内缘是以柳州为中心的桂中盆地，外缘为右江盆地、武鸣盆地、南宁盆地、玉林盆地、荔浦盆地等众多中小盆地，形成大小盆地相杂的地貌类型（图1-1）。

山系走向明显呈现东部受太平洋板块挤压、西部受印度洋板块挤压的迹象。山地以海拔800米以上的中山为主，占广西土地总面积的23.5%；海拔400～800米的低山次之，占广西土地总面积的15.9%。桂东北猫儿山主峰海拔2141.5米，为广西第一高峰，也是南岭最高峰。越城岭、猫儿山与海洋山之间的湘桂走廊是中国三大走廊之一。

广西盆地内丘陵错综，占广西土地总面积的10.3%，在桂东南、桂南及桂西南连片集中分布；平地（包括谷地、河谷平原、山前平原、三角洲及低平台山）占广西土地总面积的26.9%。广西平原主要有河流冲积平原和溶蚀平原两类。河流冲积平原主要分布于各大、中河流沿岸，较大的平原有浔江平原、郁江平原、柳来平原、宾阳平原、南流江三角洲等，其中浔江平原最大，面积达630平方千米。

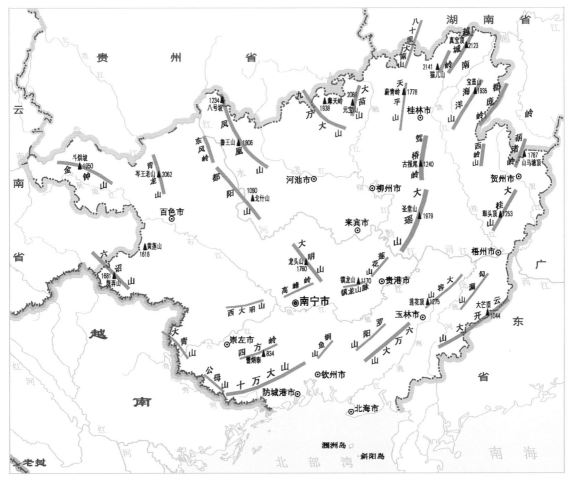

图1-1　广西山脉分布示意图

注：图中数字表示海拔，单位"米"。

二、广西盆地构成

（一）盆地构造

广西盆地轮廓的形成自中元古代至新生代，先后经历了大小21次地壳构造运动，可划分为古大陆裂解洋盆形成、海槽演化、大陆形成、滨太平洋大陆边缘活动4个阶段，沧海桑田，环境反复变更，直到距今

2.35亿年晚三叠世才奠定了广西盆地的雏形。

（二）盆地岩石

盆地内沉积环境多变，最终形成了盆地沉积岩，累计最大厚度为7万～8万米。其中碳酸盐岩分布面积达8.95万平方千米，占广西土地总面积的37.92%；碎屑岩分布面积为11万平方千米，占广西土地总面积的46.61%；其他沉积岩约占3.47%。

由于地壳运动，导致岩浆活动频繁，在四堡-雪峰期、加里东期、华力西-印支期、燕山期、喜马拉雅期5个岩浆活动期中，酸性、中性、基性和超基性岩分布面积较大，其中侵入岩分布面积为2.04万平方千米，占广西土地总面积的8.65%，猫儿山、大苗山、大容山是典型代表；喷出岩（火山岩）分布面积为0.09万平方千米，占广西土地总面积的0.38%，北海涠洲岛是典型代表。

受地质环境、构造变动作用、岩浆活动的影响，盆地内沉积岩、岩浆岩变质作用明显，形成区域变质岩、动力变质岩、汽化热液变质岩和接触变质岩，共占广西土地总面积的2.97%。

（三）盆地地貌

盆地地貌形态一般可分为隆起区、拗陷区、海槽区和残余海槽区4种类型，各类型特点显著。

隆起区，一般较早为陆地环境，遭受风化剥蚀较早，地层相对古老，山势较高，地层褶皱、断裂发育，岩浆活动也较频繁，如桂北隆起、东南部的云开隆起、中东部的大瑶山隆起；拗陷区，陆地形成较隆起区晚，地层发育以晚古生界为主，岩溶地貌发育，地势相对较低，地层断裂发育，如桂东北-桂中拗陷区、北部湾拗陷区；海槽区，一般指海洋环境较广、海水较深、沉积岩层厚度大的区域，如右江海槽，其中三叠系深水沉积厚度达2000米以上的浊积岩中有酸性熔岩、火山碎屑岩，山体抬升成为云贵高原前缘部分；残余海槽区，实际上是海槽消亡后期留下海沟的凹陷区，地形复杂，沉积环境多变，岩性较复杂，地层断裂、褶皱发育，如钦州残余海槽。

上述的拗陷区、海槽区和残余海槽区又细分为凸起区、凹陷区和断陷盆地。凸起区一般为山地，山体高大，地层相对古老，如海洋山凸起、六万大山凸起、西大明山凸起；凹陷区一般沉积厚度较大，地势相对较缓，地层相比凸起区要新，如百色凹陷、来宾凹陷；断陷盆地多指中新生代沉积盆地，如十万大山断陷盆地、博白断陷盆地，均为丹霞地貌发育区。

（四）盆地资源

盆地内各类资源丰富，主要有矿产资源、土地资源、生物资源、水资源、气候资源和旅游资源6种。各类资源的具体情况如下。

1. 矿产资源

迄今为止，广西盆地内已发现与沉积岩、岩浆岩、变质岩有关的矿种147种，探明储量的有96种，矿产地1312处。广西的锡、锑、锌、铝、钨等有色金属丰富，有"有色金属之乡"之称。锰、有色金属、砂石、高岭土等矿产成为广西的优势矿产，使广西能够持续为祖国各行各业做出贡献。

2. 土地资源

从低海拔的冲积平原到海拔大于800米的中山，各类岩石在漫长的地质作用下风化成土壤，在高处成为山区（隆起区、凸起区等），为野生动植物的生长发育提供领地和沃土，在低处为工农业提供用地。广西地域辽阔，海拔不同，气温和降水有差异，土壤类型多样。在这种地带性和非地带性因素影响下，广西生物生长迅速，种类多，数量大，是我国生物资源最丰富的省份之一。据广西森林资源连续清查第六次复查结果，广西有林地面积为981.91万公顷，占广西林业用地总面积的71.87%。其中林分（内部特征大体一致而与邻近地区有明显区别的一片林地）面积为747.48万公顷，占广西有林地面积的76.13%；经济林面积为203.69万公顷，占广西有林地面积的20.74%；竹林面积为30.74万公顷，占广西有林地面积的3.13%。

3. 生物资源

广西的野生植物物种和珍稀动物种类繁多。在各类植物中，按用途分，具有开发价值的野生水果有120多种，野生药用植物有2426种，野生淀粉植物有109种，野生化工原料植物有210种，野生纤维植物有400多种，野生芳香植物有156种，栽培的果树约有700种。广西有国家一级重点保护植物37种，二级重点保护植物61种。农作物资源中，水稻有8600多个品种，玉米有200多个品种，甘蔗有210个品种。

广西的动物种类繁多，共发现陆栖脊椎野生动物929种（含亚种），约占全国陆栖脊椎野生动物总数的43.3%；海洋及淡水鱼类700多种，占全国鱼类总数的30%以上。在这些动物中，国家重点保护的珍稀物种有150种，约占全国重点保护动物的44.5%。其中国家一级保护动物有26种，占全国的26.8%；国家二级保护动物有124种，占全国的51.7%。此外，属广西重点保护动物的有82种，其中广西特有动物有18种。广西兽类资源丰富，属国家一级保护的有10种，国家二级保护的有16种，其中灵长类动物属国家一级保护的有6种，国家二级保护的有3种。广西鸟类资源的品种数约占全国鸟类总数的45%，其中属国家一级保护的有9种，国家二级保护的有78种。广西爬行、两栖类动物属国家一级保护的有4种，国家二级保护的有14种。广西野生鱼类属国家一级保护的有3种，国家二级保护的有16种。

4. 水资源

广西地处低纬度区域，降水量比较充沛，河流发育较多，水资源丰富。广西地表河流总长3.4万千米，其中集雨面积50万平方千米以上的河流有986条，河网密度为0.144千米/千米²，是全国河流密度较高的省份之一；广西水域面积8026平方千米，占广西土地总面积的3.38%，广西常年河流年径流量约1880亿立方米，约占全国地表水总量的6.4%，居各省份的第4位；人均水资源近4000立方米；2001年广西年径流量2415.1亿立方米，水能资源蕴藏量2133万千瓦，可开发量1751万千瓦。

广西的地形特点大致呈西北高、东南低、四周为山地环绕的盆地，岩性和地质构造复杂，加上充足的降水形成丰富的地表水资源，创造了良好的地下水贮存条件。广西的地下水资源总量约为391.6亿立方米，可开采量为248.7亿立方米，其中碳酸盐岩岩溶水占广西地下水资源总量的61.5%，基岩裂隙水占36.4%，松散岩类孔隙水占1.4%，为贫困山区解决人畜饮水、农田灌溉起到重要作用。

广西沿海滩涂总面积为1000平方千米，其中软质沙滩约占98%；沿海浅海面积约6700平方千米，其中0～5米的浅海的面积有1400多平方千米，海底地形平缓。陆地海岸线全长1595千米，东起英罗港，西至北仑河口，海岸线迂回曲折，多溺谷、港湾，其中具有良好条件的有北海港、防城港、钦州港等，为发展海洋渔业、运输和贸易业奠定了坚实基础。

5. 气候资源

广西地处祖国南疆，属低纬度地区。四周多山，境内以丘陵山地为主，南濒热带海洋，这种特殊的地理环境，加上与大气环流的共同作用，形成热量丰富，降水充沛，干湿分明，日照适中，长夏无冬，四季宜耕、宜游的宜人环境。广西地处中亚、南亚热带季风气候区，各地年平均气温16.5～23.1℃，等温线基本上呈纬向分布，气温由北向南递增，由河谷平原向丘陵山区递减。日平均气温稳定通过10℃起止日间积温表示喜温作物生长期可利用的热量资源，而广西各地稳定通过10℃起止日间积温5000～8000℃，是全国积温最高的省份之一。丰富的热量资源，为各地因地制宜种植多熟制农作物、亚热带水果提供了有利的条件。广西山川秀丽，气候宜人，旅游业前景良好。

广西是全国降水量最丰富的省份之一，各地平均降水量均在1080毫米以上，大部分地区为1200～2000毫米，为广西工农业发展和内陆水上运输提供了丰富的淡水资源。

6. 旅游资源

复杂的地质构造环境呈现多种岩性地貌，适宜的气候特点，使广西旅游资源得天独厚，丰富多彩。广西的自然景观、人文景观、民俗风情等旅游资源门类齐全，分布广泛，是我国旅游资源大省份之一。目前广西已有300多处景区、景点对外开放。

（1）自然景观

广西盆地有名山异洞、悬峡壁谷、海滨沙滩、急流瀑布、碧水险滩、冷热奇泉、奇花异卉、珍禽异兽等，可供旅游开发的项目很多。

岩溶景观：以桂林山水、环江岩溶、乐业大石围、凤山三门海为代表的岩溶地貌多达8.95万平方千米，占广西土地总面积的37.92%，形成了山、水、洞紧密结合，景色秀丽，造型奇特，千姿百态的岩溶景观。由碳酸盐岩形成的岩溶地貌景观是主要的旅游资源。

丹霞地貌景观：以丹崖赤壁峰奇、石美为特色，著名的有资源县资江八角寨、容县都峤山、博白县宴石山等。由红色碎屑岩形成的丹霞地貌景观是主要的旅游资源，如南流江沿岸丹霞地貌（图1-2）等。

水域景观：广西境内有大小河流近千条，拥有众多的瀑布、泉水、水库湖区、风光旖旎的河岸峡谷等旅游资源，如德天瀑布、桂林全州天湖（图1-3）等。广西还拥有1595千米的海岸线，海岸带和海岛风光明媚，许多海滨景点具有很高的旅游开发价值。

图1-2 南流江沿岸丹霞地貌

图1-3 桂林全州天湖冬景

动植物资源：广西境内物种繁多，其中属国家重点保护的珍稀濒危植物98种、珍稀动物150种，广西特有植物613种、动物18种，经过开发，也是重要的旅游资源。目前，广西已建立了59处动植物自然保护区，总面积143.7万公顷，占广西土地总面积的6.05%。其中花坪、弄岗、山口等自然保护区是很有特色的国家级自然保护区。同时，广西拥有号称"华南第一峰"的猫儿山及大瑶山、十万大山等一大批森林旅游资源，是广大中外游客喜爱的旅游胜地。

（2）人文景观

广西现有国家级和自治区级重点文物保护单位279处，有柳州白莲洞、桂林甑皮岩、兴安灵渠、凭祥友谊关（图1-4）、容县真武阁、恭城孔庙、桂林碑林、左江花山岩画等自然文化遗产，金田起义旧址、红七军军部旧址闻名天下，这些人文景观与青山秀水相互辉映，吸引了大批游客前往探胜。

独特的边关风情及跨国旅游资源：广西与越南接壤，国境线长637千米。随着对外开放与交流的发展，广西陆续开放了中越边境贸易点和边境口岸25个。在这些地方，人们可以接触到特有的边关景色和异国风土人情。以异国情调的跨国旅游为内容的边关风情旅游，已成为广西近年发展起来的又一个旅游热点。

浓郁的少数民族风情资源：广西境内聚居着壮族、苗族、瑶族、

图1-4　凭祥友谊关

侗族等11个少数民族，各民族都有许多奇异的风土人情、生活习俗、服饰装束、民间艺术、工艺特产、烹饪饮食，喜庆节日多姿多彩，如武鸣"三月三"歌圩、东兰原生态铜鼓表演（图1-5）等，这些人文资源可供观赏娱情，大大提高了广西旅游的吸引力。

图1-5　东兰原生态铜鼓表演

总之，广西盆地的区位优势明显，地质构造复杂，为盆地资源的形成、发展奠定了坚实基础，创造了良好的生态环境。盆地中丰富的矿产、土地、生物、水、气候、旅游资源，为广西人民脱贫致富奔小康、实现现代化、实现中国梦提供了物质保障。

第二章 广西盆地地质发展简史

　　广西地质发展经历了漫长的历史过程，最早可追溯到 16.7 亿年前的中元古代。构造运动是引起地貌变形、沧海桑田更替、岩浆活动（作用）、断裂作用、气候变化、生物演化的根源。广西大地自中元古代以来共发生过 21 次构造运动，其中以四堡运动、广西运动、东吴运动、印支运动和燕山运动最为强烈，其性质为造陆运动或褶皱运动。地下岩浆活动趋于强烈，地壳断裂有的在重复叠加，有的是新开裂的，大地面貌环境发生巨变。白垩纪末和第三纪初的造山运动使广西边缘山地上升，中间形成盆地。拗陷盆地地势从西北向东南倾斜，中部低平，海拔多在 400 米以下，最终完成了广西独具特色的地质发展历程。

一、中元古代

　　扬子古陆与华夏古陆发生离散作用，形成两古陆之间的洋盆，广西处于该洋盆中，桂北位于扬子古陆块外缘的边缘海。中元古代末的四堡运动使华夏古陆与扬子古陆发生拼接，形成陆间造山带，地壳抬升，海水退出，扬子古陆增生扩大，伴随该运动有大量酸性岩浆侵入，形成三防和元宝山等岩体，侵入四堡群并被丹洲群沉积覆盖，同位素年龄值为 10.63 亿年。

二、晚元古代志留纪

　　广西在晚元古代早期，对接不久的陆块发生离散，丹洲时期开始海侵，形成海槽；早震旦世，在深水盆地的基础上继续发展，地壳始终处于强烈的凹陷环境；早古生代，基本继承了震旦纪的构造背景，桂北、桂西为大陆边缘盆地，其他地区为深水盆地。其中，奥陶纪、志留纪盆地逐渐隆生，水体变浅，海域大为缩小（桂北缺失志留系，桂西奥陶系、志留系均未见存在），但仍保持浊流沉积环境。志留纪末的广西运动，海槽封闭，形成加里东褶皱区，与扬子古陆拼接，从而进入统一的华南板块发展新阶段。但在桂东南钦州一带，仍保留有华南盆地的残留部分，随着裂陷的不断发生，直至早二叠世，仍然保持着深水浊积盆地的沉积环境。广西构造旋回及构造特征见表2-1。

　　随着广西造山运动的发生，有大量酸性岩浆侵入，形成大小不等的花岗岩体，分布于广西各地。其中，尤以桂东北的岩浆侵入最为强烈，它们侵入下古生界，并被泥盆系沉积覆盖。岩体同位素年龄值在4亿年左右。

表 2-1　广西构造旋回及构造特征表

地质时代（百万年）			构造运动名称及性质	构造旋回	主要地质事件	地质发展阶段
新生代	第四纪	Q₄		喜马拉雅旋回	地壳抬升，基性岩浆活动，火山喷发	滨太平洋大陆边缘活动阶段
		Q₁₋₃ — 1.8	〜〜喜马拉雅第四幕〜〜			
	新近纪	N — 23	------喜马拉雅第三幕------			
	古近纪	E₃	〜〜喜马拉雅第二幕〜〜		陆内断陷红盆的形成和发展，丹霞山体形成再造，酸性岩浆侵入	
		E₂	〜〜喜马拉雅第一幕〜〜			
		E₁ — 65.5	〜〜燕山第四幕------	燕山旋回		
中生代	白垩纪	K₂	〜〜燕山第三幕			
		K₁ — 145.5	〜〜燕山第二幕 ------燕山第一幕------			
	侏罗纪	J₃				
		J₂				
		J₁ — 199.8				
	三叠纪	T₃ — 235	〜〜印支运动〜〜	印支旋回	盖层褶皱。完成由海→陆的转化。右江裂谷封闭，形成印支褶皱带。基性－酸性岩浆活动	大陆形成阶段
		T₂	------桂西上升------			
		T₁ — 251	------苏皖上升〜〜			
古生代	二叠纪	P₃		华力西旋回	钦州海槽封闭，形成华力西褶皱带。酸性岩浆活动	
		P₂ — 255	〜〜东吴运动------			
		P₁ — 299	------黔桂上升------			
	石炭纪	C₂				
		C₁ — 359.2	------柳江上升------		稳定性"台、沟"相间沉积，右江裂谷形成与发展。基性－酸性岩浆活动	
	泥盆纪	D₃				
		D₂	------平旺上升------			
		D₁ — 416				
	志留纪	S — 443.7	〜〜广西运动〜〜 ------北流上升------	加里东旋回	扬子、华夏陆地汇聚，加里东褶皱带形成。陆壳固结，钦州海槽延续。浊积岩发育。酸性岩浆活动	海槽演化阶段
	奥陶纪	O — 448.3	------郁南运动------			
	寒武纪	ψ — 542				
晚元古代	震旦纪	Z₂ — 680	------肯城上升------	扬子旋回	海槽形成与演化，基性岩浆活动	
	南华纪	Z₁	------富禄上升------			
		— 800	〜〜四堡运动〜〜		扬子、华夏陆块拼接，洋盆消亡。酸性岩浆活动	大陆裂解洋盆形成阶段
中元古代		Pt₃ — 1000		四堡旋回		
		Pt₂ — 1800	吕梁运动		海槽沉积，超基性－基性岩浆活动	

注：引自《广西地质矿产志》（1988～2000 年）。表内构造运动名称栏的地层接触关系符号表示，"————"为整合接触，"--------"为平行不整合接触，"〜〜〜〜"为角度不整合接触。

三、泥盆纪中三叠世

经广西造山运动之后，广西地壳发生了质的变化，由活动型转变为稳定型。基底固结程度不高，但仍具有一定的活动性。自志留纪末褶皱隆起为陆，遭剥蚀夷平，泥盆纪初地壳逐步下沉，海水自南西往北东侵入，泥盆纪地层逐渐向北东超覆，形成海陆交互沉积（六景泥盆系剖面的部分化石见图2-1）。此后的沉积作用，主要受广西造山运动形成的基底构造格局及古地貌的控制。

早泥盆世晚期开始，在地幔上隆、陆壳拉张作用下，海底发生微型扩张，逐步形成一系列沉积盆地，显示出台、沟分割的构造格架，其中桂西地区由于盆地扩张，重新沦为海槽。

中三叠世末的印支运动波及广西，是一次具有划时代意义的构造运动，奠定了广西构造格架的基础，形成盖层褶皱，地壳全面上升，结束了海相沉积，完成由海向陆的转变，华南大陆形成，并成为欧亚大陆板块的组成部分。伴随该构造运动有大量中酸性、酸性岩浆侵入，形成桂东南岩带及其他各地的小岩体。

图2-1　六景泥盆系剖面的部分化石

四、中生代、新生代

印支运动后，构造变动曾一度减弱，地壳相对处于松弛时期。从此，广西进入了大陆边缘活动带的陆相盆地发展新阶段，地质构造的形成和发展，受太平洋板块和印支板块联合作用的控制，大部分盆地呈北东向和北西向分布。

晚三叠世早期，地壳普遍抬升，遭受剥蚀夷平，缺失早期沉积。诺利克期，十万大山地区最先发生块段沉降运动，形成断陷盆地，初期曾一度与海相通，其后转为陆相湖泊紫红色复陆屑沉积，厚度近万米。桂东地区沉降稍晚，约始于晚三叠世晚期，且沉降幅度小，仅数百米。

侏罗纪气候炎热而潮湿，植物茂盛，形成良好的成煤环境，火山活动较强，有酸性岩浆喷发。侏罗纪中期蜥脚类恐龙背椎（图2-2）在江山半岛发现，它进一步印证了江平盆地的地层年代。

图2-2　侏罗纪中期蜥脚类恐龙背椎

　　新生代开始，地壳在经历中生代的巨大变革后，逐渐处于平静时期，经过一段沉积间断，广西普遍缺失古新统。始新世开始，断陷盆地继续发育，湖泊星罗棋布。在喜马拉雅运动影响之下，地表从多次升降变为总体抬升，北部湾下沉，从而奠定了广西现代地貌轮廓（图2-3）。

　　近代，广西地区地壳活动主要表现为缓慢上升，遭受侵蚀和剥蚀，局部断裂带上发生多次地震。

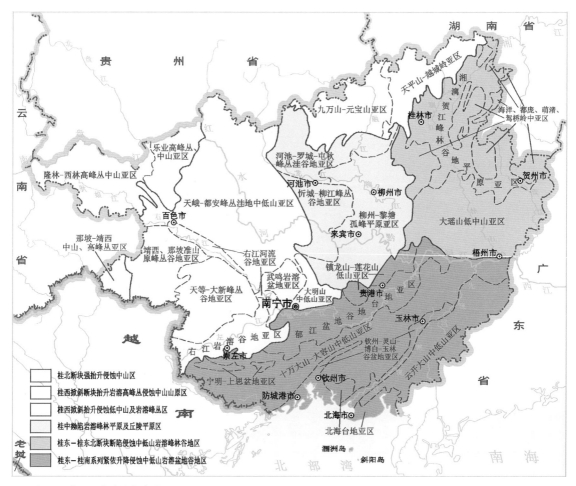

图2-3　广西现代地貌轮廓图

第三章　广西盆地构造

广西构造运动频繁，共计 21 次，其中以四堡运动、广西运动、东吴运动及燕山运动最为强烈，具有造山运动性质，显示出具有多种旋回的构造运动特征，据此可将广西构造运动划分为吕梁旋回、四堡旋回、扬子–加里东旋回、华力西旋回、印支旋回、燕山旋回和喜马拉雅旋回等 7 个构造旋回。广西延伸较长、区域性上有较大影响的主要断裂共有北北东向、北东东向和北西向 3 组，根据地质构造发展演化历史及区域构造特征的不同，将广西划分为 1 个一级构造单元（属华南板块范畴）、2 个二级构造单元（扬子陆块、华南活动带）、7 个三级构造单元和 19 个四级构造单元。

一、构造运动

构造运动是由地球内力引起的岩石圈变位、变形及洋底的增生和消亡的作用。构造运动产生褶皱、断裂等各种地质构造，引起海陆轮廓的变化、地壳的隆起和凹陷以及山脉、海沟的形成等，是使地壳不断变化发展的最重要的地质作用，引起地震活动、岩浆活动和变质作用。新近纪以来的构造运动在地貌、地物上保存较好，称为新构造运动；新近纪以前发生的构造运动称为古构造运动；人类历史时期到现在所发生的新构造运动称为现代构造运动。

广西构造运动频繁，共计21次，其中以四堡运动、广西运动、东吴运动及燕山运动最为强烈，具有造山运动性质，显示出具有多种旋回的构造运动特征，据此可将广西构造运动划分为吕梁旋回、四堡旋回、扬子-加里东旋回、华力西旋回、印支旋回、燕山旋回和喜马拉雅旋回等7个构造旋回。

（一）吕梁旋回

吕梁旋回以古元古代末的吕梁运动（广西最早的构造运动）为界。2005年，广西区域地质调查研究院开展1：25万区域地质调查时，发现桂东南云开大山一带的变质岩系中，出现两套变形、变质特征迥然不同的岩石。下部为深变质的片麻岩、片岩（称为天堂山岩群，广西已知出露最早的地层），上部为浅变质的砂岩、泥岩、千枚岩（称云开群），两者之间为滑脱韧性剪切带相接触，具典型的双基底结构，前者构成结晶基底，后者为褶皱基底。在天堂山岩群中查明同位素年龄值为1894百万～1846百万年，大致为吕梁运动的时间。

（二）四堡旋回

四堡旋回以中元古代末的四堡运动为界。早期火山活动剧烈，科马提岩同位素年龄值为1667百万年。中元古代末期发生的四堡运动具有褶皱造山性质，桂北九万大山一带，晚元古代丹洲群角度不整合于中元古代四堡群之上。构造线方向为近东西向，为紧密线状和倒转褶皱，同时伴随有大量的酸性岩浆侵入，形成元宝山、三防、峒马、平英等花岗岩体及本洞等花岗闪长岩体（图3-1）。本洞岩体侵入四堡群与上覆丹洲群为沉积接触，岩体同位素年龄值为1063百万年，基本可代表四堡运动的时限。

图3-1 四堡运动造就的元宝山等花岗闪长岩体

（三）扬子-加里东旋回

扬子-加里东旋回有五幕构造运动，以最末一次的广西运动最为强烈，具褶皱造山性质，前四幕为地壳上升运动。第一幕发生在长安期末，称为富禄上升运动。桂北三江县境内富禄组底部为粗砂岩及含铁板岩。第二幕发生在陡山沱期与黎家坡期之间，称为肯城上升运动。九万大山南侧罗城肯城一带，陡山沱底部为厚20～40毫米的砾岩。第三幕发生于寒武纪与奥陶纪之间，称为郁南运动。奥陶系底部在桂东南为一套数百米厚的砾岩和含砾长石砂岩，在大明山地区有厚45毫米的砾岩，在桂北有中性火山岩。第四幕发生于奥陶纪与志留纪之间，称为北流上升运动。桂东南在志留系底部有一套数百米厚的砾岩和粗砂岩。第五幕也是最重要的一幕，发生于志留纪末和泥盆纪初，称为广西运动。除钦州外，广西泥盆系普遍呈角度不整合于下古生界及更老的地层之上。广西运动使扬子陆块与华夏陆块拼接，海槽封闭，使元古代-早古生代地层褶皱成山，形成广阔的加里东褶皱带。构造线方向以北东向为主，次为东西向和北西向，多为紧密线状褶皱。伴随该运动有大量酸性岩浆侵入，形成猫儿山（图3-2）、越城岭及海洋山等岩体，侵入下古生界，与泥盆系呈沉积不整合接触，岩体同位素年龄值在4亿年左右，大致可代表该运动的时间。

图3-2　广西运动造就的猫儿山花岗岩山体

（四）华力西旋回

华力西旋回包括四幕构造运动。第一幕发生于早泥盆世与中泥盆世之间，称为平旺上升运动。桂南平旺一带，小董组底部有一套厚50毫米的火山碎屑角砾岩，岩底有冲刷痕迹，并含有层凝灰岩、凝灰质硅质岩，表明钦州海槽在早泥盆世晚期曾发生过剧烈运动，导致火山喷发，形成火山碎屑流，属地壳上升运动性质。第二幕发生于晚泥盆世与早石炭世之间，称为柳江运动。广西大多数地区，在晚泥盆世之后有一沉积间断，下石炭统底部有铁、锰质砂泥质沉积，或缺失部分地层。在桂北该运动可延至早石炭世杜内期的早、晚时之间，早时末有一次较大范围的海退，晚时为一次大的海侵旋回的开始阶段，底部沉积一套炭质、泥质碳酸盐岩夹含磷、铁硅质岩。第三幕发生于早二叠世与晚石炭世之间，称为黔桂上升运动。南丹、河池、平乐二塘一带，栖霞组底部有数米至数十米厚的炭质页岩夹薄煤层，或为砾岩、粉砂岩平行不整合于上石炭统之上。第四幕发生于早二叠世与晚二叠世之间，称为东吴运动，是一次普遍的地壳上升运动，大部分地区上二叠统底部为数米至二十余米厚的黏土矿层或铁铝岩，标志着地壳曾经过较长时间的上升剥蚀阶段。但在钦州一带表现为强烈的褶皱造山运动，使钦州残余海槽封闭，这时广西地区已完全进入一个统一的华南板块之内，而在桂西地区处于台盆构造环境中的早、晚二叠世为连续沉积。东吴运动影响范围较广，强度各处不一，具有自东向西强度从强到弱的趋势。

（五）印支旋回

印支旋回包括三幕构造运动，末期称为印支运动，是一次具有划时代意义的构造运动。第一幕发生于早三叠世与晚二叠世之间，称为苏皖上升运动，在龙州至扶绥一带，下三叠统超覆于上二叠统或下二叠统之上；在隆林安然一带，下三叠统上部超覆于上二叠统之上，表明地壳具有明显的上升运动，但地层缺失。第二幕发生于早三叠世与中三叠世之间，称为桂西上升运动，在隆林一带，中三叠统百逢组超覆于上二叠统之上，此外，在桂西和桂西南一带，早三叠世晚期和中三叠世初期普遍有酸性火山活动及少量的中性–基性火山活动。第三幕发生于中三叠世与晚三叠世之间，称为印支运动，是继广西运动以来的又一次极其强烈的褶皱造山运动，波及全广西，使地层发生褶皱，桂西海槽封闭，形成印支褶皱带，从此结束海相沉积阶段，转而进入陆相沉积新阶段。十万大山地区（图3-3）上三叠统平垌组角度不整合于中三叠统板八组之上，沉积不整合于印支期台马岩体之上，其中缺失晚三叠世早期沉积；其余地区为晚三叠世晚期–早侏罗世早期的那周尾组或天堂组角度不整合于晚古生代地层之上。构造线方向各处不一，以北东向为主，次为北西向，亦有东西向和南北向，台地区为平缓开阔的褶皱，盆地区为紧密线状褶皱。伴随该构造运动有大量酸性岩浆侵入，构成了桂东南–桂南一带的岩浆岩带，岩体同位素年龄值偏新或偏老，摆幅较大，为390百万～160百万年，一般为230百万～200百万年，伏波岩体侵入下三叠统，被下侏罗统沉积覆盖，同位素年龄值为235百万年，大致可代表该运动的时限。

图3-3 印支运动造就的十万大山

（六）燕山旋回

燕山旋回包括四幕构造运动。第一幕发生于早白垩世与晚侏罗世之间，桂东及桂东南下白垩统普遍角度不整合于侏罗系及更老地层之上，但在十万大山盆地却不明显，推测为平行不整合接触关系。第二幕发生于早白垩世，上白垩统西垌组角度不整合于下白垩统及更老地层之上，西垌组酸性火山岩发育。第三幕发生于晚白垩世的早、晚期之间，罗文组与西垌组为平行不整合接触关系，底部有厚度不等的砾岩。第四幕发生于白垩纪末与古近纪初，是一次较强烈的构造运动，使陆相断陷盆地褶皱隆起。以块段运动性质为特征，构造线方向以北东向为主，呈平缓开阔的褶皱。始新统普遍角度不整合于罗文组或更老地层之上，缺失古新世沉积，表明白垩纪之后有较长时间的剥蚀间断。伴随此构造旋回，各幕均有酸性-中酸性岩浆活动，形成桂东及桂东南等地众多的花岗岩、花岗闪长岩等岩体，同位素年龄值在220百万～70百万年之间，70百万年大致代表最末一次构造幕的时限。燕山运动造就的十万大山盆地规模最大，面积为6000多平方千米。

（七）喜马拉雅旋回

喜马拉雅旋回包括四幕构造运动。第一幕发生于早始新世与晚始新世之间，百色盆地（图3-4）那读组与下伏洞均组之间为平行不整合接触关系，或超覆于更老地层之上。第二幕发生于晚始新世末期，影响百色、南宁等局部地区，盆地曾一度上升，经短暂的侵蚀后复又下沉，造成局部沉积中断。第三幕发生于古近纪末，陆区地壳普遍抬升，湖盆干涸结束沉积，同时产生微弱褶皱，并导致北西、北东向和部分东西向区域性断裂而产生继承性活动，以及小规模的基性-超基性岩浆侵入。第四幕发生于新近纪末，全广西地壳大幅度上升，北部湾边缘发生海退。在涠洲岛、斜阳岛和合浦县新圩发生3次火山喷溢活动，形成十余米至两百余米厚的基性火山岩建造。第四纪基本保持新近纪的构造格局，地形和近代地形相似，地势自西北向东南倾斜。北部湾拗陷继续被海水淹没，造成海相或海陆交替相沉积。同位素年龄值为47百万～33百万年。

图3-4　喜马拉雅运动造就的百色田东布兵盆地

二、断裂构造

　　断裂构造指延伸较长，区域上有较大影响的断裂。广西主要区域性断裂有北北东向、北东东向和北西向3组。北北东向区域性断裂有四堡断裂、平垌岭断裂、三江-融安断裂、寿城断裂、永福-龙胜断裂和资源断裂等。北东东向区域性断裂有陆川-岑溪断裂、博白-梧州断裂、灵山-藤县断裂、垌中-小董断裂、南屏-新棠断裂和大黎断裂等。北西向区域性断裂有那坡断裂、右江断裂、巴马断裂和南丹-昆仑关断裂等（图3-5、表3-1）。

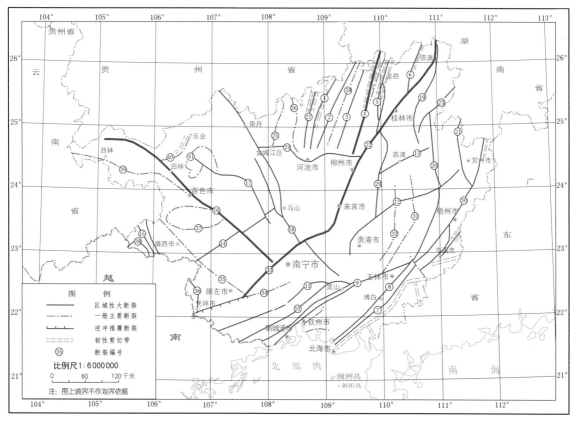

图3-5 广西主要断裂分布示意图

表3-1 广西区域性大断裂属性表

断裂编号	代码	代号/符号	断裂名称	特征
1			四堡断裂	走向为北北东,断面倾向西,切过四堡群-古生界,控制沉积相和岩浆活动,局部有韧性变形,北延入贵州省
2			平垌岭断裂	走向为北北东,断面倾向西,切过四堡群-古生界,控制古生代沉积相,局部有韧性变形,向北延入湖南省
3			三江-融安断裂	走向为北北东,自柳城经融安、三江延入湖南,控制中晚元古代以来的沉积相和岩浆活动,局部具韧性变形特征,是长期活动的深断裂,属复合断裂

续表

断裂编号	代码	代号/符号	断裂名称	特征
4			寿城断裂	走向为北北东，由柳城东泉经屯狄、寿城、龙胜三门向北延入湖南，控制晚元古代至晚古生代沉积相和岩浆活动，具韧性变形特征
5			永福－龙胜断裂	走向为北北东，自永福经龙胜延入湖南，断面倾向西，西盘向东逆冲，控制沉积相和岩浆活动，具韧性剪切特征
6			资源断裂	走向为北北东，自兴安县升坪，经资源延入湖南，断面倾向西，切割震旦系－白垩系，控制沉积相和岩浆活动，具韧性变形特征
7			陆川－岑溪断裂	走向为北东东，自北海经陆川、岑溪至苍梧县胜洲出广东，具韧性变形特征，属地壳拼接断裂（松旺－陆川－水汶），是博白－岑溪断裂带的组成部分
8			博白－梧州断裂	走向为北东东，自合浦经博白、北流、容县、梧州，西盘向东逆冲，控制古生代沉积相、岩浆活动和新生代断块盆地，是博白－岑溪断裂带的组成部分
9	中国主要断裂编号60	GB958－97	灵山－藤县断裂	走向为北东东，自东兴经防城港、灵山、藤县，向北与博白－梧州断裂会合，控制沉积相、岩浆活动和中新生代断陷盆地
10			垌中－小董断裂	走向为北东东，自垌中经小董，在旧洲附近与南屏－新棠断裂归并，控制古生代沉积相及华力西－印支期岩浆活动，属复合断裂
11			南屏－新棠断裂	走向为北东东，自南屏至新棠，在旧洲附近与小董断裂归并，对古生代沉积相和中新生代断陷盆地的发展有控制作用
12			大黎断裂	走向为北东东，自武宣县通挽、藤县大黎至桃花、昭平县樟木，向北东与富川断裂相交，属复合断裂，控制岩浆活动和金矿分布
13			荔浦断裂	走向为北东东，自金秀县桐木经荔浦至平乐，断面倾向北西，属逆冲断层，控制古生代沉积相及构造线

续表

断裂编号	代码	代号/符号	断裂名称	特征
14			下雷–灵马断裂	走向为北东东，西起大新下雷，经田东印茶至武鸣灵马，呈狭长断槽凹地，为台沟相硅泥质岩，有华力西–印支期基性火山岩及基性–超基性侵入岩，属复合断裂，断层在地表断续出露
15			那坡断裂	走向为北西，自云南富宁经广西那坡、平孟至越南凉山，断裂切割上古生界及中生界，属复合断裂，控制沉积相和岩浆活动
16	中国主要断裂编号40		右江断裂	走向为北西，自南宁经百色、田林、隆林延入云南，其东南段可能延伸至邕宁新江、灵山陆屋、合浦公馆一带，属复合断裂，切割第四系
17			巴马断裂	走向为北西，自马山县乔利经巴马、凌云县罗楼，控制晚古生代沉积相和基性岩浆活动，控制燕山期煌斑岩、花岗斑岩和金矿化，属复合断裂
18	中国主要断裂编号39		南丹–昆仑关断裂	走向为北西，南起横县经马山、南丹延入贵州，与紫云断裂相接，向南东在灵山、博白松旺还有表现，控制沉积相、岩浆活动和矿产
19			白石断裂	走向为近南北，北起全州县大西江经兴安县白石、阳朔县大境至平乐县沙子，控制晚古生代沉积相和白垩纪断陷盆地，属复合断裂
20			栗木–马江断裂	走向为近南北，北起栗木经恭城、昭平县马江至藤县社山，错断寒武系至侏罗系，沿断裂分布锡多金属并存在金银矿化现象，属复合断裂
21			富川断裂	走向为近南北，南起贺州大桂山，经沙田、钟山望高，至富川小田向北延入湖南，控制侏罗系盆地，属复合断裂
22	中国主要断裂编号61		桂林–柳州（来宾）断裂	走向为北东，自来宾，往北经柳州、鹿寨、永福、桂林，向北东入湖南，沿断裂带上古生界为盆地相硅质岩，属地壳拼接带
23			观音阁断裂	南起阳朔县老厂南侧，经观音阁、灌阳出湖南，切割寒武系–泥盆系，控制燕山期花岗岩、花岗斑岩、煌斑岩，属复合断裂

续表

断裂编号	代码	代号/符号	断裂名称	特征
24	中国主要断裂编号75		宜州断裂	走向为近东西，西起河池经宜州至柳城，两端分别与南丹断裂、桂林断裂相接，构成向南突出的弧形，控制晚古生代沉积相和白垩纪盆地
25			上朝–水源断裂	走向为北北东，南起环江温平，往北经水源至上朝，延入贵州，倾向北西西，由一组断裂构成，带内上古生界为深水台沟相的控相断裂，切割震旦系–下三叠统
26			东兴–龙岩断裂	走向为北北西，南起宜州良村，往北经环江东兴、龙岩延入贵州，切割上元古界–石炭系，控制上古生界
27			池峒断裂	走向为北北东，断面倾向西，纵切三防复背斜核部，使三防岩体沿断层形成韧性变形带，断层南段有煌斑岩侵入，断层北延入贵州省
28			和睦–老堡断裂	走向为北北东，南起柳城县古寨，经融水县和睦、三江县老堡，向北延入湖南，属复合断裂，有煌斑岩产出
29			东乡–永福断裂	走向为近南北，南起武宣东乡，经中平、桐木至永福，切割泥盆系，控制重晶石、多金属矿，属复合断裂
30			梧州–贺街断裂	走向为北东，自梧州往北经贺街、鹰扬关出湖南，切割元古界–石炭系，并控制岩浆活动，属复合断裂
31			陈塘断裂	走向为南北，向南接9号断层，往北经藤县和平至蒙山陈塘，切割震旦系–泥盆系，破坏断陷盆地，局部具韧性剪切特征，属复合断裂
32			蒙山–林峒断裂	走向为北北东转南北，南起玉林薄塘，往北经桂平林峒、平南官成至蒙山，切割寒武系–古近系，属复合断裂

续表

断裂编号	代码	代号/符号	断裂名称	特征
33	中国主要断裂编号61		凭祥－南宁断裂	走向为北东，自凭祥往北东经扶绥至南宁以北，再经上林、巷贤、来宾与桂林至柳州断裂断续相接，控制并破坏盖层和红盆沉积，凭祥段具逆冲推覆特征，火山岩发育，属地壳拼接带断裂
34			东门－新江断裂	走向为北东东，西接凭祥－南宁断裂，往东经宁明、罗白、扶绥东门断续延伸至邕宁新江，切割石炭系－白垩系，控制金矿
35			黑水河断裂	走向为北西，自崇左濑湍经大新雷平、靖西湖润至魁圩，控制古生代沉积相和岩浆活动，属复合断裂
36			龙州断裂	南段凭祥至龙州，走向为北北东；北段龙州至科甲，走向为北北西，组成一组向东突出的弧形，控制岩浆活动和金矿化。凭祥附近有推覆构造
37			德保环形断裂	走向为近东西向环形，自德保往东经足荣至田东作登偏折向西，经田阳那坡、洞靖至德保东凌而呈环形，为台地边缘向外倾的同沉积断裂，切割早泥盆系－中三叠系
38			天皇山断裂	环绕那坡天皇山周边分布，南段延入越南境内，断面平缓，上盘泥盆系－石炭系逆冲推覆于中三叠统之上
39			八渡断裂	走向为北西西，东起百色，经八渡、高龙至西林县古樟延入云南，控制晚古生代沉积相，属复合断裂
40			乐业断裂	走向为北北东，呈弧形，自乐业往南，经甘田至田林浪平，切割泥盆系－中三叠统，为孤立台地边缘同沉积断裂，具韧性剪切特征
41			凌云环形断裂	走向为近南北，呈弧形，北自更新绕凌云孤台西缘，经加尤、凌云至伶站，再往北经沙里、平乐、金牙一带，早期为同沉积正断层，后期逆冲，属复合断裂

三、构造单元

构造单元是地壳大型构造的基本单位，又称大地构造单元。广西绝大部分地区在晚三叠世以前经历了海水覆盖的漫长地质历史时期，其中晚古生代到中三叠世也有相对隆起和相对凹陷的区域，隆起区有的长期露出水面，为剥蚀区，凹陷区则接受沉积。根据地质构造发展演化历史及区域构造特征的不同，将广西划分为1个一级构造单元、2个二级构造单元、7个三级构造单元和19个四级构造单元（表3-2、图3-6）。

表3-2　广西地质构造单元划分表

一级	二级	三级	四级
华南板块	扬子陆块	桂北隆起（Ⅰ）	九万大山褶断带 $Ⅰ^1$
			龙胜褶断带 $Ⅰ^2$
			越城岭褶断带 $Ⅰ^3$
	南华活动带	桂东北–桂中拗陷（Ⅱ₁）	罗城凹陷带 $Ⅱ_1^1$
			宜山弧形褶断带 $Ⅱ_1^2$
			来宾凹陷带 $Ⅱ_1^3$
			海洋山凸起带 $Ⅱ_1^4$
			桂林弧形褶断带 $Ⅱ_1^5$
		大瑶山隆起（Ⅱ₂）	
		钦州残余海槽（Ⅱ₃）	博白断陷 $Ⅱ_3^1$
			六万大山凸起 $Ⅱ_3^2$
			钦州凹陷 $Ⅱ_3^3$
			十万大山断陷盆地 $Ⅱ_3^4$
		云开隆起（Ⅱ₄）	
		右江海槽（Ⅱ₅）	南丹凹陷带 $Ⅱ_5^1$
			都阳山凸起 $Ⅱ_5^2$
			百色凹陷 $Ⅱ_5^3$
			靖西凸起 $Ⅱ_5^4$
			灵马凹陷 $Ⅱ_5^5$
			那坡断陷 $Ⅱ_5^6$
			西大明山凸起 $Ⅱ_5^7$
		北部湾拗陷（Ⅱ₆）	

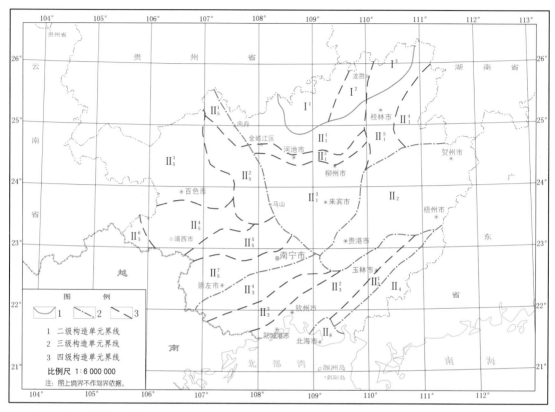

图3-6 广西构造单元划分示意图

（一）桂北隆起

桂北隆起为三级构造单元，属于扬子陆块的东南缘，位于桂北九万大山至越城岭一带，南面大致以罗城、融水、兴安一线为界。自中元古代至早古生代为海槽，广西运动后褶皱回返，此后转为稳定，长期遭到剥蚀，为广西出露最老的地层分布区，多旋回的沉积作用、岩浆作用、变质作用和构造变动表现明显，是有色金属和贵金属成矿有利地带。出露的地层有四堡群、丹洲群、震旦系、寒武系、奥陶系。岩浆岩分布有四堡期、雪峰期的中酸性花岗岩、中基性火山岩和基性-超基性侵入岩，以及加里东期和燕山期的中酸性花岗岩，其中雪峰期和加里东期的中酸性花岗岩呈岩基产出，规模较大。地层强烈褶皱，断裂发育，构造比较复杂。根据隆起程度、沉积作用和岩浆活动的差异，可进一步划分为九万大山褶断带、龙胜褶断带、越城岭褶断带3个四级构造单元。

（二）桂东北–桂中拗陷

桂东北–桂中拗陷为三级构造单元，位于桂中和桂东北，处于大瑶山隆起与桂北隆起之间，西以南丹–昆仑关断裂为界。为古生代的长期拗陷区，晚古生代沉积盖层广泛发育，上古生界除下部有碎屑岩外，其余均为碳酸盐岩，为现代岩溶桂林山水发育的主要物质基础，岩浆活动不强烈，仅于东北部有加里东–燕山期的酸性岩浆侵入。加里东期褶皱呈线状或倒转，走向为北西西或北东；印支期以平缓开阔的褶皱为主，亦有长轴和短轴状，局部为倒转褶皱，呈北东向和北西向展布。在河池至柳城一带为近东西向的弧形构造，而在桂林一带构成向西突出的近南北向弧形构造。燕山期为小型的断陷盆地，构成平缓开阔的向斜构造。根据隆起和拗陷程度、沉积作用、岩浆活动及构造特征的不同，可进一步划分为罗城凹陷带、宜山弧形褶断带、来宾凹陷带、海洋山凸起带、桂林弧形褶断带5个四级构造单元。

（三）大瑶山隆起

大瑶山隆起为三级构造单元，位于贵港、金秀至贺州八步区之间的龙山、大瑶山（图3-7）、大桂山、鹰扬关一带，呈北东向展布。以早古生代地层为主，主要为寒武系，南部有奥陶系分布，贺州八步区鹰扬关出露小面积的震旦系。南北边缘泥盆系不整合覆于早古生代地层之上。岩浆岩不发育，仅鹰扬关震旦系中有中基性火山岩，金秀、大黎、藤县一带和梧州、信都一带具有一系列的印支–燕山期花岗岩、花岗闪长岩小岩体、岩株和岩脉群。加里东期褶皱分布广泛，以紧密线状复式褶皱为主，构造线以近东西和东偏北方向为主，其次为北东、北西向，局部近南北向。南北边缘晚古生代地层则以短轴向斜为主。发育有北东、东偏北和南北向3个方向的断裂。

图3-7 大瑶山主峰圣堂山

（四）钦州残余海槽

钦州残余海槽为三级构造单元，分布于桂东南的玉林、钦州、防城港一带，呈北东向展布，是南华加里东期裂谷带的残余海槽。广西运动时继续沉陷，下泥盆统与志留系连续沉积，一直延续至早三叠世，保有深水复理石并含锰硅泥质建造；东吴运动强烈的褶皱造山运动使海槽封闭，形成华力西褶皱带，并伴随有大规模的酸性岩浆活动；印支-燕山旋回保持着活动性强的特征；中生代以来，断块运动剧烈，沿断裂带形成众多的陆相红色盆地，其中十万大山盆地规模最大、沉降最早、延续时间最长。酸性岩浆活动强烈，印支期以侵入为主，燕山期则以喷发为主。构造线方向以北东向为主，局部为东西向，褶皱以华力西期为主，断裂活动强烈且显著，控制着沉积作用和岩浆活动。根据隆起和拗陷程度、沉积作用和岩浆活动等特点，可进一步划分为博白断陷、六万大山凸起、钦州凹陷和十万大山断陷盆地4个四级构造单元。

（五）云开隆起

云开隆起为三级构造单元，位于桂东南云开大山一带，呈北东向展布，西北侧以博白-岑溪深断裂（图3-8）为界，为长期隆起带。主要分布晚元古代至早古生代的区域变质岩，变质程度较深，并发育不同时期的花岗岩及韧性剪切带，构造复杂。构造线方向以北东向为主，局部为北东东向，褶皱和断裂发育，基底褶皱为紧密线状或倒转褶皱，盖层褶皱多被断层破坏而保存不完整的长轴状或倒转褶皱，陆相盆地则为平缓开阔向斜。矿产较丰富，有风化壳型稀有矿床、稀土矿床及有色金属、贵金属等矿产。

图3-8　岑溪节理群

（六）右江海槽

右江海槽为三级构造单元，位于南丹、宾阳、上思一线以西的广大地区，约占广西土地总面积的五分之二，是广西三叠系（中下三叠统）分布比较集中的区域，下古生界零星见于右江断裂西南部的部分背斜、穹窿核部，泥盆系与其角度不整合接触；上古生界在海槽东北部和西南部大面积出露。中新生代上叠盆地见于海槽东南部和右江一带。强烈的火山活动和岩浆侵入是右江海槽的重要地质特征之一，岩浆岩以中酸性侵入岩发育较多。构造线方向为北西向，台地区为平缓开阔向斜，台沟区则为紧密线状或倒转褶皱。矿产较丰富，有黑色金属、有色金属和贵金属等矿产。根据隆起和拗陷程度、沉积作用、岩浆活动和构造等特征，可进一步划分为南丹凹陷带、都阳山凸起、百色凹陷、靖西凸起、灵马凹陷、那坡断陷、西大明山凸起7个四级构造单元。

（七）北部湾拗陷

北部湾拗陷为三级构造单元，包括北海市区、合浦县、北部湾海域及岛屿，拗陷中心大致在涠洲岛西南一带，为大陆架沉降带，是一个新生代大型沉积盆地。基底为古生代碎屑岩和碳酸盐岩，主要为第三纪和第四纪沉积。第三系发育大部分被海水淹没；中新统、上新统分布广泛，为一套滨海、浅海砂页岩，产石油和天然气。第四纪沉积物为未成岩的砾石和砂层，并有少量海滩岩分布。

第四章　广西盆地岩石

岩石指天然产出的具有一定结构构造的矿物集合体，由一种或几种矿物或天然玻璃组成，构成地球上层部分（地壳和上地幔），在地壳具有一定的产状。广西出露的岩石有沉积岩、岩浆岩和变质岩三大类。其中沉积岩最为发育，分布面积占广西土地总面积的88.00%；岩浆岩主要分布于桂东南、桂东北和桂北，分布面积占广西土地总面积的9.03%；变质岩见于桂北及桂东南局部地域，分布面积占广西土地总面积的2.97%。

一、沉积岩

广西岩石中沉积岩最为发育，分布面积占广西土地总面积的88.00%。广西沉积岩从元古界至第四纪各地质时期均有发育，累计最大厚度为7万～8万米。其中桂北的元古宇四堡群、丹洲群和桂东南的下古生界沉积岩遭受区域变质作用较大，列入变质岩类。沉积岩按物质来源可分为火山源沉积岩、陆源沉积岩和内源沉积岩3类。火山源沉积岩主要有集块岩、火山角砾岩、凝灰岩、熔结凝灰岩等，陆源沉积岩有砾岩、砂岩（图4-1）、粉砂岩、黏土岩等，内源沉积岩有碳酸盐岩（图4-2）、硅质岩、铝质岩、铁质岩、锰质岩、磷质岩等。

广泛分布于桂中、桂西的古生代及早三叠世海相沉积的碳酸盐岩是广西的主要岩石，分布面积达8.95万平方千米，占广西土地总面积的37.92%；其次是各地质时期以海、陆相砂岩和泥岩为主的碎屑岩，而火山源沉积以及含硅质、铝质、铁质、锰质、磷质、碳质等的岩石为数极少，分布零散。广西与沉积岩有关的矿产有煤、石油、天然气和锰、铁、铝、黄铁矿、磷、膨润土、高岭土、石灰岩、白云岩、砂锡、砂金、石英砂、钛铁砂矿等20多种。

图4-1　沉积砂岩地貌（大瑶山）

图4-2　碳酸盐岩峰林地貌（桂林月亮山）

二、岩浆岩

岩浆岩又称火成岩，是岩浆在地下或喷出地表后冷却凝结而成的岩石，前者称为侵入岩，后者称为喷出岩。广西岩浆活动频繁，侵入岩、喷出岩均充分发育，出露面积达2.15万平方千米，约占广西土地总面积的9.03%。

（一）侵入岩

四堡期–晋宁（雪峰）期的侵入岩以海相基性火山喷发及中酸性侵入岩为主；加里东期的侵入岩以中酸性侵入岩为主，仅局部有中基性火山岩分布。华力西–印支期是广西岩浆活动的重要时期，在桂西泥盆–石炭系有玄武岩、粗面（斑）岩，二叠系–中三叠统有基性–中酸性（局部为中基性）侵入岩构成十万大山–大容山岩带。燕山期岩浆活动主要分布于桂东地区，有多次侵入形成的复式岩体和不同岩类组成的杂岩体，岩石以花岗岩（图4-3）为主，并有超镁铁岩–基性岩、中酸性岩、碱性岩等，在早侏罗世、晚白垩世红层盆地中尚有中酸性火山碎屑岩、熔岩分布。喜马拉雅期主要为基性火山喷发，见于合浦县新圩及涠洲岛、斜阳岛，在马山县永州、平南县马练等地有煌斑岩。岩浆活动受区域构造控制，与成矿作用关系密切。

图4-3　花岗斑岩（元宝山）

（二）喷出岩

喷出岩是由地表或非常接近地表的火山作用所形成的各种岩石，又称火山岩，属岩浆岩类，包括细粒的、隐晶质的或玻璃质的熔岩和火山碎屑岩，以及与火山作用有关的次火山岩。按火山喷发环境可分为海底喷发和陆相喷发。海底喷发通常是在大洋中脊或大洋岛屿地槽下沉阶段喷发的，一般与海相沉积物呈整合接触关系。陆相喷发通常是在构造运动后期喷发的，与下伏的岩层多呈不整合接触关系，其中也可夹有沉积岩。在广西除南华系至寒武系及古近系未发现火山岩外，其余各系均有火山岩分布。广西火山岩共有20个层位，累计厚度约9000米，占地层总厚度的11%左右；除晚白垩世为陆相喷发外，其余均属海底喷发；形成时间主要为中元古代、晚元古代、早古生代、晚古生代、中生代和新生代；岩石系列及组合以高铝玄武岩-拉斑玄武岩系列、基性-超基性火山岩组合，钙碱性拉斑玄武岩系列（图4-4）、细碧岩-中基性火山岩组合，钙碱性系列基性火山岩组合等为主，只有早奥陶世及晚二叠世有部分中酸性火山岩组合。华力西-印支期火山岩分布最广，主要在桂西、桂西南地区；燕山期火山岩次之，主要分布在桂东南地区陆相盆地中；四堡期、雪峰期分布在桂北、桂东北；加里东期分布在大明山、岑溪等地；沿海岛屿尚有少量喜马拉雅期基性火山岩。

图4-4　枕状玄武岩（那坡）

三、变质岩

变质岩是由变质作用所形成的岩石。在变质作用条件下，地壳中已存在的岩石（岩浆岩、沉积岩及先前已形成的变质岩）变成具有新的矿物组合及变质结构与构造特征的岩石。主要特征：一是受原岩控制，并具有一定的继承性；二是因受变质作用改造，在矿物成分和结构构造上与其他岩类不同。广西变质岩在元古界至中生界均有分布，主要见于桂北及桂东南局部地域，其分布占广西土地总面积的2.97%。

根据变质作用类型和成因，可划分为区域变质岩、混合岩、动力变质岩和接触变质岩4种类型，其中以区域变质岩分布最广。

（一）区域变质岩

区域变质作用是大面积的、多种因素共同作用形成的一种变质类型，为广西境内主要的变质作用。区域变质岩主要分布于桂北、桂中至桂东、桂西和桂东南地区。按变质程度、岩石组合和所处的大地构造位置，可分为桂北、桂中至桂东、桂西和桂东南4个变质岩区。主要岩石类型有板岩、千枚岩、轻变质砂泥岩、变质泥质灰岩、变基性–超基性岩、大理岩、变细碧角斑岩、片岩、片麻岩、变粒岩（图4-5）、浅粒岩、石英岩等。

图4-5 变粒岩

（二）混合岩

混合岩为因混合岩化作用而形成的岩石，由基体和脉体两部分组成，属于变质岩的一种。广西混合岩主要分布于云开地区。按成因可分为区域混合岩、边缘混合岩和动力变质混合岩3种类型。①区域混合岩，发育于古元古界天堂山岩群中，岩石已遭受角闪岩相（局部达麻粒岩相）变质作用改造，长英质脉体变形较强烈，并与基体一起发生强烈流变褶皱，形成肠状、角砾状、网状和条带状（图4-6）等混合岩。②边缘混合岩，发育于侵入岩岩体围岩中，长英质脉体较平直，无变形现象，成分与岩体相近。③动力变质混合岩，发育于新元古代变形变质生成侵入岩强变形部位，是花岗质岩石在递进变形过程中，因部分熔融作用而形成的一种混合岩。

图4-6　条带状混合岩

（三）动力变质岩

动力变质岩为因动力变质作用而形成的岩石。广西动力变质岩根据成因和岩性特征，可分为脆性动力变质岩、脆韧性动力变质岩和韧性动力变质岩3类。脆性动力变质岩是脆性断裂作用的产物，在广西主要断裂带中均有不同程度的发育，岩石类型有构造角砾岩、碎裂岩、超碎裂岩、断层泥等。脆韧性动力变质岩和韧性动力变质岩是韧性剪切作用的产物，主要分布于桂东南、桂北和桂东的一些韧性剪切带中，在桂西碳酸盐岩台地边缘的韧性剪切带中有少量发育。按韧性变形的强度可分为糜棱岩化岩、初糜棱岩、糜棱岩（图4-7）、千糜岩、超糜棱岩、糜棱片岩和糜棱片麻岩等岩石类型。

图4-7　糜棱岩

（四）接触变质岩

接触变质岩为因接触变质作用而形成的岩石，属于变质岩的一种。广西接触变质岩主要分布于各期次岩浆岩侵入体的围岩中，环绕侵入体分布。在桂东南大容山–十万大山堇青石花岗岩带，宁潭、陆川和广宁岩体，桂东花山、姑婆山岩体以及桂北三防、元宝山和越城岭岩体等较大岩体的围岩中充分发育。主要岩石类型有角岩化岩、角岩、矽卡岩（图4-8）等。接触变质晕宽窄不一，一般在几十米至数百米之间，个别达几千米甚至十几千米。主要形成角岩化带、矽卡岩化带、边缘混合岩化带等。一些较大的岩体围岩中接触变质岩的分带性较明显，由内向外依次形成黑云母带、红柱石–堇青石带和夕线石带或绿帘–阳起石带、透辉石带和透辉石–硅灰石带等接触变质带。

图4-8 矽卡岩

第五章　广西盆地地貌

地貌指地表起伏形态，由内营力与外营力相互作用而成。一般内营力（地内热能、重力能、地球旋转能等）形成大的地貌类型，并控制着地球表面基本轮廓；外营力（流水、冰川、海洋、风、风化作用）则塑造地貌的细节，削高填低，力图使地表展缓夷平。广西地貌总体上是山地丘陵性盆地地貌，呈盆地状。广西盆地地貌按形态分类，可分为陆地地貌和海底地貌两大类，其中陆地地貌又分为山地、丘陵、盆地、平原等；按岩石组合类型及相应的古地理环境，可分为喀斯特地貌、花岗岩地貌和丹霞地貌等。地貌水平方向与垂直方向上的差异，影响气候、水文、土壤、植被等因素的变化，从而形成自然地理环境在水平方向和垂直方向上的分异。

一、地势地貌

广西地貌以山地丘陵为主，山岭连绵，地形复杂；喀斯特地貌发育典型，平原狭小。中生代白垩纪的燕山运动奠定了广西地貌轮廓的基础，后经喜马拉雅运动与新构造运动形成广西今天的地貌格局。广西周边为高耸的山地，中间为低矮的盆地、平原、丘陵和弧形山脉，故素有"广西盆地"之称。广西西部为云贵高原的边缘，总地势由西北向东南倾斜，主要河流由西北向东南汇流于西江。

（一）山地

山地为高于周围平地，内部又有一定高差的正地形，由山顶、山坡和山麓组成。广西海拔500～800米的低山面积为4.37万平方千米，占广西山地总面积的34.3%；海拔800米以上的中山面积为8.36万平方千米，占广西山地总面积的65.7%。广西周边山地由桂北山地、桂西山原山地、桂东南山地、桂南山地和桂中弧形山脉5部分组成。山地都为地质构造运动形成的，多呈条带状或块状分布。带状山地多为褶皱山或断块山，如大瑶山、大明山等，一般由沉积岩构成；块状山地多由岩浆岩构成，如猫儿山、越城岭等。山地的构造形态比较突出，如大明山的天平和桂中大平顶都是近水平岩层，形成面积较大的草甸。桂西山原山地有1500米及1800米两级夷平面，说明山地地壳至少有两次大的抬升。

1. 桂北山地

桂北山地位于广西北部，分布在罗城、融水、资源、全州、灌阳、兴安、恭城、富川、贺州等县（市），东西长约350千米，南北宽约200千米，总面积约3.2万平方千米。山地以中山地貌为主，主要有越城岭、都庞岭、萌渚岭、银竹老山、八十里大南山、天平山、九万大山、海洋山和蔚青岭等，主要为变质岩构成的断块中山或花岗岩侵入中山。山峰海拔均在1000米以上，也有2000米左右的高峰，如猫儿山、真宝顶、元宝山等。桂北山地地层古老，以前震旦纪变质岩为基地，次为下古生代砂页岩，而上古生代地层仅分布在南部边缘地带。山地形成于印支运动，地壳发生抬升和断裂；燕山运动使古老地台活化，产生强烈的断块运动，形成高峻断块山及断裂谷，同时伴有大量岩浆活动，构成庞大的越城岭与元宝山等花岗岩山地，喜马拉雅运动使之继续上升，故山体高大雄伟，褶皱断裂地貌普遍，河流深切，峡谷深长。

（1）越城岭

越城岭（图5-1）为花岗岩中山，古称始安岭、临源岭、全义岭等。越城岭位于全州县、资源县和湖南省新宁县等境内，山脉呈北北东-南南西走向，全长约100千米，宽20～30千米。山体连绵，高大雄伟，一般山峰海拔1500米，主峰真宝顶海拔2123.4米，为广西第二高峰。越城岭在加里东运动时期断裂成山，燕山运动和喜马拉雅运动时期仍间歇性隆起，主体部分由加里东期花岗岩组成，山地东南侧有寒武系和奥陶系的地层出露。西坡沿北北东-南南西走向的深大逆断层抬升，硅化作用强烈，岩层十分坚硬，故西坡较为陡峻，多悬崖峭壁与瀑布，溪沟深切；东坡坡度稍缓，溪沟较为绵长，山麓地带有洪积扇发育，有6个较大的洪积扇分布。洪积扇倾斜平原灌溉方便，土壤肥沃，为当地重要的稻作区。越城岭脊线亦为北北东-南南西走向，是湘江与资江的分水岭，两条河流的支流沿山地两坡发育，形成典型的平行水系。东坡建有天湖水电站，落差高达1000多米。越城岭森林茂密，亚热带植物种类繁多，森林覆盖率在50%左右，水源涵养条件好，是广西重要的林业基地。

图5-1　越城岭

（2）九万大山

九万大山为变质岩断块山，位于融水、罗城、环江3个自治县交界处，并自北北西方向延伸至贵州省。山脉全长70多千米，宽20～30千米。地势从北向南由海拔1600米逐渐降低到1000米左右，一般山峰海拔

1000～1400米，主峰摩天岭海拔1938米。山地地层是广西最古老的变质岩系，主要有中元古界四堡群九小组、文通组和鱼西组的变质砂岩、变质长石石英砂岩、变质粉砂岩、凝灰岩、千枚岩、板岩等，东北部摩天岭一带则是中元古代摩天岭汪洞中粗粒黑云花岗岩和吉羊中粒斑状黑云二长花岗岩。在中元古代末的四堡运动时期褶皱成山，北北东–南南西构造断裂明显，多深大断裂。河流多沿断层带发育，形成近格状水系。溪沟深切，谷地狭窄，水流湍急，水能资源丰富。森林茂盛，覆盖率在40%以上，不少是连片的原始森林，是广西十大水源林区之一。国务院于2007年批准设立九万大山国家级自然保护区。

2. 桂西山原山地

桂西山原山地位于广西西部，在南丹、凤山、凌云、百色、德保、靖西一线以西，属云贵高原向山地过渡类型，故称山原山地。主要包括凤凰山、东风岭、青龙山、金钟山和六诏山等。地势较高，大部分地区海拔在1000米以上；隆林、田林、凌云、乐业等地势最高，海拔一般在1300米以上，不少山峰在1500米以上。在大地构造单元上，属桂滇台向斜的组成部分，下古生代地台稳定，未受海侵。上古生代至中生代初期地台下陷，沉积了以三叠系厚度超过1500米的中厚层状杂砂岩夹泥岩或互层为主，泥盆系–二叠系碳酸盐岩为次的沉积岩。三叠纪末印支运动结束之后，全部上升为陆地，而后燕山运动又使本地区岩层褶皱隆起，断裂和岩浆活动伴随进行。第三纪喜马拉雅运动时又随云贵高原再度上升，形成雄伟的桂西山原山地，北西–南东向区域构造线控制桂西地貌发育格局，山脉与谷地多向北西–南东延伸。由于原始地势高，非可溶岩地区形成高大山脉，如凤凰山等；山脉之间为深切谷地，如刁江、红水河、布柳河、乐业河和驮娘江等河谷；在碳酸盐岩地区，则形成连绵的高峰丛与深洼地。由于侵蚀、溶蚀基准面低，山原地表十分崎岖，正负地形相对高差很大，谷地与山峰、峰丛与洼地的相对高度多超过800米，且多大峡谷，如龙滩段红水河大峡谷、百朗喀斯特大峡谷等。峡谷底部河床狭窄，少见河流冲积地貌，如堆积型河漫滩、江心洲等。在喀斯特峰丛区有庞大的地下河和溶洞系统，如百朗地下河、卡达地下河、峨里地下河等，地表则往往对应分布有塌陷地貌，如乐业天坑群等。

（1）青龙山

青龙山为褶皱构造中山，位于田林、凌云、乐业之间，呈北西–南东走向。全长约75千米，宽20千米。山势北高南低，一般山峰海拔在1500米以上，主峰岑王老山海拔2062.5米。北部岩层为中泥盆统至二叠系灰岩，南部岩层为中三叠统薄–厚层块状杂砂岩夹泥岩。在燕山运动时褶皱成山，北部灰岩经后期溶蚀作用，形成连绵不断的高峰丛深洼地；南部碎屑岩地区则被地表水流侵蚀形成雄伟高大的中山山脉。岑王老山虽然高大，但山坡不算陡峭，部分溪沟也较为宽大；原始森林保留较好，成为红水河主要支流之一的布柳河及右江支流乐里河等众多溪流的发源地。建有国家级自然保护区——岑王老山自然保护区。

（2）金钟山

金钟山（图5-2）为断块中山，位于隆林和西林两县之间，呈近东西走向。长约110千米，宽30～40千米。一般山峰海拔1300～1500米，最高峰斗烘坡海拔1950.8米，金钟山海拔1819.4米。山地由三叠系中统层凝灰岩、凝灰质砂岩夹泥岩、泥岩、粉砂质泥岩、石炮组薄–厚层块状杂砂岩夹泥岩等组成。在燕山运动时褶皱断裂成山，经喜马拉雅运动强烈上升到如今的高度。地壳运动间歇性上升，形成海拔1000～1200米、1300～1400米、1500～1600米三级夷平面，层状地貌明显。东西向深大断裂平行排列，河谷沿断裂带发育，形成近平行的几条大小不一的谷地，如驮娘江、坝弄河、花勇河等河谷，相间排列的山脉脉络十分明显，呈现一定的断块山特征。山地林木繁茂，森林覆盖率高达80%～90%。建有自治区级金钟山自然保护区（1982年），2008年国务院批准建立国家级自然保护区，是中国野生动物黑颈长尾雉分布最为集中的中型自然保护区。

图5-2　金钟山

3. 桂东南山地

桂东南山地包括贺江、郁江和钦江以南的大桂山、云开大山、大容山、六万大山、罗阳山等。面积6693.75平方千米，占广西山地总面积的5.3%，其中以花岗岩山地面积最大，次为碎屑岩山地。山地走向主要为北东-南西向，雁行排列，山峰海拔多为1000～1200米，山体较为浑圆和缓，谷地宽阔。岩层主要有晚志留纪黎村和宁潭的花岗岩、二叠纪-三叠纪六万大山花岗岩、白垩系新隆组紫红色砾岩和含砾砂岩等。属粤桂隆起的东南部，以古生代浅变质岩系为基底，中生代以后，地壳变动较大，特别是断裂和岩浆活动相当突出，碎屑岩系被中生代花岗岩所穿插，沿北东-南西向的深大断裂带有大量花岗岩侵入，形成大容山、六万大山等花岗岩山地。

（1）云开大山

云开大山（图5-3）为花岗岩中山，位于苍梧、岑溪、容县、北流、陆川与广东省郁南、罗定、信宜等县（市）交界处，呈北东-南西走向。长约140千米，宽25～30千米。一般山峰海拔700～1000米，最高峰为天堂山望君顶，海拔1274.1米。山地岩层主要由二叠纪大隆双元花岗岩、广平莲塘花岗岩，晚志留世黎村横山花岗岩，寒武系黄洞口

图5-3　云开大山

组不等粒砂岩、长石石英砂岩、粉砂岩，奥陶系六陈组砂岩与页岩互层等组成。在加里东期和燕山期有较大规模的花岗岩侵入，中生代以来发生断块运动，形成一些陆相断陷盆地；第三纪以来，地壳间歇上升形成今天的系列山脉。第一列为七星顶（位于郁南县南部，海拔617米）、罗云大山（岑溪与罗定界山，海拔814.7米）、大芒顶（岑溪、罗定、信宜三县界山，海拔1044米）、南瓮山（容县与信宜界山，海拔1053.7米）、勾髻顶（容县与信宜界山、海拔1040米），第二列为铜镂大山（苍梧与郁南界山，海拔753.1米）、周公顶（位于岑溪中部，海拔885.1米）、大瓮顶（位于岑溪南部，海拔933米）、天堂山（位于北流与容县之间，海拔1274.1米）、谢仙嶂（位于陆川东部，海拔792.7米）。山体高大，坡度稍和缓，溪沟宽阔，谷地中分布有南亚热带季雨林，主要树种有格木、红锥、荷木、樟木、桐木、米锥、红楠木及各种榄类树木等，盛产松脂、肉桂和八角。

（2）六万大山

六万大山（图5-4）为花岗岩中山，位于浦北、博白和玉林3个县（市），呈北东-南西走向。全长约70千米，宽30～40千米，主体部分

图5-4 六万大山

在浦北县。一般山峰海拔500～800米，主峰葵扇顶海拔1118米，次高峰六万顶海拔1115.2米。由二叠纪–三叠纪六万永安花岗闪长岩、龙门黑云二长花岗岩组成。二叠世东吴运动时沿东北向断裂，产生大规模的岩浆岩侵入，地壳隆起，后期盖层被剥蚀，花岗岩体出露，历经第四纪风化和流水侵蚀成山。山体庞大，坡度较陡峻，为30°～50°。六万大山是南流江发源地，河流沿北西–南东向断裂发育，沿断裂发育的支流多成羽状水系，并形成较宽大的谷地，如浪平谷地和官垌谷地等。河流落差大，水能资源丰富。林木茂盛，森林覆盖率为52%。天然植被为南亚热带常绿季雨林，主要种属有海南风吹楠、见血封喉、乌榄、白榄等。建有六万山水源林保护区和六万山林场，面积1.46万公顷，其中有林面积1.20万公顷，主产杉、马尾松、火力楠、红锥等，为广西南部重要的木材生产基地。

4. 桂南山地

桂南山地位于左江与邕江以南的山地，包括十万大山、四方岭、大青山、公母山和铜鱼山等。东西长约225千米，南北宽约60千米，总面积约1万平方千米。桂南地区自中生代以来地壳一直凹陷下降，接受红色砂岩沉积，直到燕山运动才上升为陆地，形成多条近东西向的深大断裂，地壳以断陷和掀斜抬升为主，形成一系列近东西走向的山脉，如十万大山和四方岭等。同时，岩浆活动也十分活跃，在十万大山以南有大规模花岗岩侵入，大青山一带有多次火山岩喷出，这些巨厚的花岗岩或火山岩形成巨大的地表隆起。岩浆岩出露地表后，经风化和流水侵蚀，形成今天的高大山地，如防城港市的淡旱顶–三塔顶山脉、大青山山脉等。构造线多为近东西走向，一些深大断裂经流水侵蚀形成宽大的谷地，如左江谷地、明江谷地、板八–大渌谷地等。

十万大山为构造断裂单斜中山，位于防城港、上思、钦州和宁明4县（市）。因山脉连绵，峰峦重叠，点不清，数不尽，故名。呈北东东–南西西走向。长约100千米，宽30～40千米。一般山峰海拔800～1000米，主峰莳良岭（薯莨岭）海拔1462.2米。山脉轴部与南翼地层由上三叠统扶隆坳杂色砾岩、砂岩与泥岩交替组成，北翼地层为侏罗系汪门组紫红色长石石英砂岩及粉砂岩，百姓组紫红色细砂岩、岩屑质砂岩夹泥岩、紫红色泥岩等，南麓以板八–大渌深大断裂与三叠纪那桐花岗岩中山相隔。由于印支期花岗岩侵入，岩层发生挠曲并断裂，岩层向北倾斜，形成单斜山。山地北坡顺着层面发育，坡度比较平缓，为20°～25°，南坡则沿着断层发育，形成众多悬崖峭壁，坡麓因崩塌堆积而变缓。山地是明江和防城河的发源地，两坡形成平行水系，分别向北、向南汇入明江和防城河。十万大山是广西南部南亚热带与北热带气候分界线，南坡年降水量丰富，为2000～2700毫米，北坡年降水量较少，为1200毫米；南坡长夏无冬，而北坡为明江谷地，寒害较重；南坡海拔700米以下植被为热带季节性雨林，热带树种繁多，北坡为亚热带常绿阔叶林；南坡有防城金花茶国家级自然保护区，北坡宁明县有优质树种——桐棉松，也建有国家级自然保护区。十万大山是广西八角和肉桂最大的生产基地，产量占全广西的1/3。

5. 桂中弧形山脉

桂中弧形山脉位于广西盆地中部。广西中部地区受广西"山"字形构造控制，形成弧形山脉地貌，故名。弧形山脉东部走向呈北东-南西向，与东翼构造方向一致；西部山脉走向呈北西-南东向，与西翼构造方向一致；弧顶山脉受广西弧脊轴的控制，走向呈近南北向。东翼北起驾桥岭，向南延伸至大瑶山、莲花山，总走向呈北东-南西向，全长约230千米，宽50～60千米，一般山峰海拔800～1000千米，最高峰圣堂山海拔1979米。西翼北起都阳山，向东南延伸至大明山，呈北西-南东走向，全长约250千米，宽30～60千米，一般山峰海拔700～1000米，最高峰龙头山海拔1760.4米。两翼聚集于弧顶——镇龙山（海拔1170米）。因其弧形构造而构成广西盆地形态，同时，还影响到东西两翼以外的山脉走向。弧形山脉对广西气候影响很大：东翼外侧的桂东及桂东南地区，冬季冷空气南下方向与山脉平行，寒潮长驱直入，导致该地区冬季温度较低；夏季东南季风则与山脉垂直相交，形成以猫儿山、大瑶山等附近地区为中心的多雨区。弧形山脉西翼走向以北西向为主，阻挡冬季南下的冷空气，故外围地区冬季气温较高，而右江谷地与都安谷地等为暖谷，有利于种植热带和亚热带作物与果树，但夏季风受阻，降水量偏少。

（1）大瑶山

大瑶山为穹隆构造中山，位于金秀瑶族自治县，外延到鹿寨、荔浦、平南、桂平、武宣、象州、蒙山等县（市）边缘，呈北北东-南南西走向。全长约110千米，宽35～45千米。一般山峰海拔1100～1300米，海拔1300米以上的山峰有60多座，主峰圣堂山海拔1979米，是广西中部的最高峰。

大瑶山山体由寒武系黄洞口组不等粒砂岩、长石石英砂岩、粉砂岩与页岩呈不等厚互层组成，西坡与北坡岩层则为泥盆系莲花山组紫红色砂砾岩、砂岩、粉砂岩、泥岩等。二叠纪末苏皖运动地壳上升为陆地，燕山运动又继续抬升，形成现代地貌的基本轮廓。由于地壳隆起幅度很大，因此山地十分高大雄伟，峰峦绵延。岩层倾角较大的地方形成单斜山；倾角较小的地方，由于岩性坚硬，垂直节理深长，形成砂岩峰林地貌，如莲花山（图5-5）、圣堂山、五指山一带。大瑶山为桂中最重要的水源区，有25条河流发源于此，较大的有滴水河、金秀河、长滩河、大垌河等，呈放射状外流，分别注入桂江、柳江、黔江和浔江。年产水量和水能蕴藏量均居广西众山之首。植物资源丰富，维管束植物种类居广西第一，药用植物有1300多种，有国家一级保护植物银杉和二级保护

图5-5　莲花山峰林

植物桫椤，特有观赏植物大瑶山变色杜鹃。大瑶山是候鸟迁徙途中必停之地，也是广西重要的杉木、毛竹生产基地，已建成国家级大瑶山自然保护区。莲花山风景区、圣堂山风景区（图5-6）都是著名的旅游胜地。

图5-6   圣堂山风景区（万亩杜鹃花）

（2）大明山

大明山（图5-7）为背斜构造中山，亦称大鸣山。主体位于上林与武鸣两县（区）之间，并分别自北向南延伸到马山、宾阳、南宁3县（市），呈北西-南东走向。全长约62千米，宽15～20千米。一般山峰

图5-7   大明山

海拔800～1000米，1000米以上的高峰有62座，主峰龙头山海拔1760.4米。在印支运动时岩层褶皱隆起成山，背斜核部岩层由寒武系黄洞口组不等粒砂岩、长石石英砂岩、粉砂岩与页岩呈不等厚互层组成，两翼属泥盆系莲花山组紫红色砂砾岩、砂岩、粉砂岩、泥岩，那高岭组泥岩、泥页岩、粉砂岩及郁江组泥质粉砂岩、粉砂质泥岩等，外围岩层有上泥盆统和石炭系灰岩等。山顶平坦，有大天平、二天平之称；背斜两翼岩层倾角较大，故山坡较陡，东北坡尤甚，西北坡则稍缓。沿大断裂发育的溪河往往切割成宽大的谷地，如甘兰河谷、汉阳河谷等，前者为长达6千米的笔直的"V"形谷地，甚为罕见。植被垂直分带明显，低海拔沟谷有热带季雨林，海拔500～800米为季风常绿阔叶林，海拔1100～1500米有山地常绿阔叶林；森林面积大，覆盖率为50%左右，是广西十大水源林区之一。发源于此的河流有37条，形成羽状水系，分别流向武鸣区和上林县，并汇成武鸣河和清水河，灌溉着周围3万公顷农田，提供30多个水电站所需的水能。山上有佛光、云海、雾凇等气象景观。常见野生动物有40多种。矿产主要有黄金、铜、钨和水晶等。已建成大明山国家级自然保护区，主要保护对象为季风常绿阔叶林生态系统及自然景观。

（3）大容山

大容山（图5-8）为花岗岩中山，位于容县、北流、桂平和兴业4县（市）之间，呈北东-南西走向。长约46千米，宽25～30千米。一般山峰海拔800～1000米，最高峰莲花顶海拔1275.6米。由二叠-三叠纪六万大山江口中粒斑状堇青黑云二长花岗岩入侵，后地壳以地垒式抬升，上覆岩层被剥蚀侵蚀成山。山体耸立于郁浔平原与玉林盆地之间，山势雄伟，坡度40°～50°。山顶花岗岩球状风化发育，主峰顶有3块花岗岩石蛋直立，称为"三片石"。坡面风化壳深厚，山前洪积扇发育。森林覆盖率为82.7%，有200多个树种。河流多沿山体两侧分别注入郁江、浔江、南流江和北流江。山上建有大容山水电站。属亚热带气候区，春雾、夏凉、秋爽、冬干，四季景色各异。

图5-8 大容山

（二）丘陵

丘陵为海拔500米以下，相对高度50～200米的地貌类型。高低起伏，坡度和缓，由连绵不断的低矮山丘组成。丘陵山的差别主要在于相对高度和形态特征上。丘陵一般没有明显的脉络，顶部浑圆，是山地久经侵蚀的结果。丘陵分布很广，一般分布在山地或高原与平原的过渡地带。成因为构造抬升，并被后期流水侵蚀。

广西丘陵面积5.17万平方千米，约占广西土地总面积的21.8%。其中高丘陵（相对高度100～200米）占广西丘陵总面积的51.2%，低丘陵（相对高度100米以下）占广西丘陵总面积的48.8%。主要分布于中低山地边缘及主干河流两侧，以桂东南、桂南、桂中一带较为集中，左江、郁江、浔江一带以南连片分布。类型多，分布不均，主要有砂页岩丘陵、花岗岩丘陵、变质岩丘陵、岩溶丘陵等，其中砂页岩丘陵占

1/3以上。丘陵土地与中低山地相比，有坡度缓（坡度5°～25°）、土层厚、谷地宽、光照条件好、人类活动频繁等特点，如广西龙脊梯田（图5-9）等。土地利用的多宜性较突出，各种土地利用类型均有，尤以林地、园地、旱地、草地为主，土地利用上有较大潜力，为广西重要的农业区。制约因素主要是缺水、土壤较贫瘠、生态脆弱，如利用不当，容易造成水土流失，不易恢复。

图5-9　辟为梯田的丘陵（广西龙脊梯田）

（三）盆地

　　盆地为四周高（山地或高原）、中部低（平原或丘陵）的盆状地形。大盆地周围的山地一般由褶皱和断裂作用上升形成，内部低地是构造稳定或断陷的地块，也可以是平地或丘陵。按成因可分为构造盆地、溶蚀盆地等；按地理位置可分为内陆盆地、外流盆地等。广西盆地主要属构造盆地和溶蚀盆地，按位置分类为外流盆地。广西境内主要有百色盆地、灌阳盆地、荔浦盆地、蒙山盆地、南宁盆地、武鸣盆地、龙州盆地、宁明盆地、玉林盆地、博白盆地、富川盆地、桂岭盆地等，总面积约6.37万平方千米。盆地周边山地地表水集中汇流于盆地中，多形成向心水系；周围山地对冷空气南下或东南来的暖湿气团的阻挡，常造成盆地特殊的气候环境。盆地边缘常有丰富的矿产资源及旅游资源。

广西四周多为海拔1000米以上的山地、高原，中部为海拔200米以下的平原，形成周高中低的盆地形状。东北部有猫儿山、越城岭、海洋山、都庞岭、萌渚岭，海拔1500～2000米；南及西南部被十万大山、云开大山、六万大山、公母山、大青山所围绕，海拔1000～1500米；西部有金钟山、岑王老山、青龙山、东风岭盘踞，组成云贵高原的南缘，海拔1000～1800米；北部分布着凤凰山、九万大山、大苗山、八十里大南山和天平山，海拔1500～2000米；中部多为海拔300米以下的平原、丘陵和山间小盆地。总地势由西北向东南倾斜，边缘有一些缺口，主要有东北部的湘江谷地、东部的浔江河谷和南部的钦江谷地。受中部弧形山脉（驾桥岭、大瑶山、莲花山、镇龙山、大明山、都阳山）分隔，盆地又分为几个部分：弧形山脉内缘，以柳州为中心的称桂中盆地；弧形山脉外缘，沿右江、邕江、郁江分布着右江盆地、南宁盆地、郁江盆地，形成大盆地套小盆地景观。盆地轮廓早在白垩纪末至古近纪初已出现，当时因受弧形山脉的阻隔，弧内的桂中凹陷和弧外的右江-郁江-浔江凹陷互相分离，各自成为两个庞大的集水湖盆。尔后大藤峡和浔江等一带山岭相继被切开，湖水外泄，大江东去，逐渐形成今日的广西盆地面貌。

1. 百色盆地

百色盆地（图5-10）位于百色市右江区到田东县思林镇的右江河谷段。因右江区以上为山地河谷，思林以下河谷狭窄，故两者间宽平部分与两侧山地呈盆地地形。呈北西-南东向延伸，长约90千米，最宽13.5千米，一般宽为8～10千米，面积约661.5平方千米，右江从北西向南东流，贯穿整个盆地。成因先是地壳沿隆安至隆林的右江大断裂产生构造断陷，后由右江冲积堆积而成。盆地横断面地貌类型以右江河床为中心，向两侧依次为河漫滩、河流第1级与第2级阶地（部分有第3级阶地）、低丘陵、高丘陵、低山，大致呈对称梯级分布，相对高度渐次升高，相应的由下列地层组成：现代河流冲积物，第四系全新统、更新统冲积层，第三系那读组灰白、灰黄色砂岩、粉砂岩与泥岩、钙质泥岩互层，三叠系板纳组黄绿、灰绿色薄层泥岩夹粉砂岩、细砂岩，石炭系都安组灰–浅灰色厚层状灰岩夹白云质灰岩、白云岩（南侧）。盆地地势宽平，灌溉条件好，是广西主要的水稻和蔬菜产地之一。两侧的阶地与低丘陵主要种植杧果等果树，是全国闻名的杧果生产基地。百色盆地还有一定储量的煤矿和石油，现建成右江矿务局和石油公司。百色盆地内有著名的百色起义等红色旅游景区和壮族始祖文化旅游景区。

图5-10　百色盆地（高大坪、斗烘坡）

2. 灌阳盆地

灌阳盆地（图5-11）为古生代断陷盆地，位于灌阳县，面积121平方千米。东西两侧分别为加里东期和燕山期两次侵入的花岗岩体，组成海拔1100～1900米的海洋山和都庞岭山脉。受北偏东向断层控制，沿断层方向形成南北长、东西窄的狭长盆地。地势南高北低，灌江从南向北贯穿。盆地上堆积着深厚的冲积、洪积层，形成宽平的冲积、洪积平原，平均海拔190～200米，平原上散布有喀斯特峰林。水土条件好，利于农业生产。

图5-11　灌阳千家峒（都庞岭腹地的瑶族古战场）

3. 荔浦盆地

荔浦盆地为典型的断陷盆地，位于荔浦县，面积170平方千米。东南面有鸡冠山系，绵延100多千米，为中山地貌；西北是驾桥岭，由东北绵延起伏至西北；西南是大瑶山系。南北各有从西向东绵延成带状的喀斯特峰林，主要由石炭系岩层组成。以荔浦河为界，北部是丘陵，海拔160～200米，比高为40～80米，坡度为15°左右；坡面风化壳呈红色，厚度2～3米，土层松散，易发生水土流失。南部主要是喀斯特峰林，海拔200～400米，比高100米左右。峰林间的洼地、槽谷和坡麓坡积层是主要耕地，间或夹有成片的石芽地，不利于耕作；谷地或小盆地中的第四纪堆积层富含铁锰结核层，品位高的可开采锰矿。

4. 蒙山盆地

蒙山盆地属断陷向斜复式盆地，位于蒙山县，面积117平方千米。西部和北部为大瑶山，海拔1000～1500米；东部为海拔1000米左右的偰俍岭；南部是海拔200～400米的丘陵。津江从北向南贯穿，支流从四周山地流向盆地中央。冲积物堆积成平坦的小平原，外缘则为沟谷水流洪积层组成的洪积扇倾斜平原。水土条件较好，适宜发展农业。地处广西三大多雨区之一的昭平为中心多雨区，易发洪水。

5. 南宁盆地

南宁盆地为长纺锤形的断陷盆地，位于南宁市。北面和东北面是高峰岭，海拔382～590米，由寒武系砂岩组成；南面和东面为军山及大王岭高丘陵，海拔分别为500米和300米左右，主要由泥盆系砂岩组成。盆地东西长约60千米，南北宽约20千米，总面积约595平方千米。南宁盆地可分为两大部分：三塘以东由古近系砂页岩、泥岩组成的低丘状台地，海拔110～130米；三塘以西由邕江冲积平原组成，平均海拔75～80米，宽度10～20千米，冲积层深厚，表土肥沃。最大过境河是邕江，主要支流有沙江河、心圩江、良凤江等。水土资源尚好，宜种植水稻、热带水果、甘蔗等，地下有古近纪褐煤。

6. 武鸣盆地

武鸣盆地（图5-12）为溶蚀盆地，位于武鸣区，面积1248平方千

图5-12　武鸣盆地

米。东面为大明山，北面为高丘陵，西南部为喀斯特峰林，南部为高峰岭。基底由石炭和二叠系石灰岩构成，部分地方有第三系紫红色砂页岩。岩层经长期溶蚀和侵蚀作用，在地表堆积成波状起伏的台地。部分地方散立孤峰或峰林，地下水丰富，局部出露大泉，如灵水。地下漏水严重，地表普遍缺水。主要种植水稻、玉米等农作物。

7. 龙州盆地

龙州盆地为喀斯特溶蚀盆地，位于龙州县，面积257平方千米。在水口关–龙州断裂谷地控制下发育形成。西部为大青山，其余三面被喀斯特峰林包围。基岩为石灰岩，上覆2米以上的第四纪红土，质地疏松，未胶结成层，构成缓坡起伏的阶地或台地。丽江向东流出盆地，河谷两侧发育有二级阶地，比高分别为15～20米和35～40米；阶地多为基座阶地，基座为被河水侵蚀、溶蚀过的石灰岩，上覆盖第四纪红土，被利用为耕地。河流切割较深，岸高河低，基座石灰岩严重漏水，盆地多干旱。

8. 宁明盆地

宁明盆地为构造盆地，是明江流域内最大的盆地，位于明江下游，宁明县西北部，面积114平方千米。原为古近纪内陆湖盆，古近纪末至第四纪初期地壳抬升，明江切穿湖盆周边山地，汇入左江，盆地开始出露。盆地西北部和西部为海拔500～700米的喀斯特峰丛峰林，南部是海拔800米左右的派阳山，东部为丘陵。明江自东向西贯穿，两侧为对称分布的多级地貌，由内向外依次是相对高度2～4米的冲积平原（图5–13）、相对高度10～30米的古近系泥质岩或白垩系紫色砂岩基座阶地和海拔300米左右的丘陵。冲积平原和阶地为主要耕作区，原湖积层为全国最大的膨润土矿。

图5-13　宁明冲积小平原

9. 玉林盆地

玉林盆地（图5-14）为构造断陷盆地，位于玉林市东南部，面积约600平方千米。西部有六万大山，北部为大容山，东部和东南部是低山丘陵。南流江从北向南贯穿盆地中部，冲积层厚度一般为20～30米，山地边缘为洪积扇平原。东北部有相对高度50～80米的喀斯特孤峰；南部有红层台地，地势平坦，水热条件充足，是广西主要产粮区。

图5-14　玉林盆地

10. 博白盆地

博白盆地为断陷盆地，属南流江断裂谷地的一部分，位于博白县中部和北部，面积201平方千米。西北部为六万大山，东部和南部为云开大山余脉的低山与丘陵。南流江从东北向西南穿过盆地中部。河流两侧为宽阔的冲积平原，海拔60~70米。南部东平、沙河一带有白垩系红色砂岩，形成低矮丘陵，如顿谷的宴石山（图5-15）为典型的丹霞地貌。盆地内地势平坦，高温多雨，是广西主要农业区。

图5-15　宴石山

11. 富川盆地

富川盆地为构造断陷盆地，位于富川瑶族自治县，面积约300平方千米。四面环山，西有都庞岭余脉西岭山，主峰海拔1857米；东部为喀斯特峰林；南部为天堂岭；北部为黄沙岭。富江自北向南穿过盆地中部，留下深厚的冲积层，成为主要的耕作区。盆地南部建有大型水库——龟石水库（图5-16），总库容近6亿立方米。

图5-16　富川盆地龟石水库湿地公园

12. 桂岭盆地

桂岭盆地（图5-17）为典型的山间小构造盆地，位于贺州市八步区北部桂岭镇，面积约60平方千米。四面环山，东、西、北向分别是海拔1043米的金子山、1373米的官山、1276米的犁头山，南为天门岭花岗岩丘陵。盆地四周山地地表流水汇集于盆地，底部地势平坦，水网密集，有较厚的第四纪冲洪积层，自古以来为农业用地。

图5-17　桂岭盆地

另外还有一些较著名的内陆构造盆地，见表5-1。

表5-1　内陆构造盆地简表

盆地名称	地理位置	规模			走向及形态	主要地质特征	备注
		长（千米）	宽（千米）	面积（平方千米）			
十万大山盆地	防城、宁明、上思、邕宁、横县一带	220	70	约1000	东西向，近长方形，西南延入越南境内	受东北、东偏北向断层控制，不对称，南陡（32°～68°）北缓（10°～25°）	
钦灵盆地	钦州市至灵山县三隆乡一带	80	2～15	约800	东北向，喇叭状	受东北向断层控制，不对称，北陡南缓（8°～19°），沉积厚2000米	有煤矿
西湾盆地	贺州市西湾至望高一带	24	2.5～5.0	约100	近南北向，纺锤形	受南北向断层控制，西部被破坏，保存东翼，呈单斜状，向西倾，倾角18°，沉积厚1360米	有煤矿

续表

盆地名称	地理位置	规模			走向及形态	主要地质特征	备注
		长（千米）	宽（千米）	面积（平方千米）			
桥圩盆地	贵港市桥圩、桂平市白石山、平南县镇隆一带	100	10～30	约2420	东北向，长方形	受东北向断层控制，位于盆地南缘，沉积厚4086米，中心位于桥圩、双峰、旺受一带，岩层倾角4°～10°或水平	
咸水盆地	全州县咸水至兴安县百里村一带	22	2～4	约60	东北向，长方形	受东北向断层控制，为歪斜、向斜盆地，轴面倾向西北，东南翼岩层倾角10°～17°，中心9°～10°，西北翼10°～25°，断层附近32°	
蒲田盆地	来宾县良江里林村一带	18	1.0～3.5	约40	北偏东向，纺锤形	沉积厚666米，岩层平缓（5～8°），西南端被南北向断层破坏	有石膏
东平盆地	博白县雅山、旺茂、东平、顿谷等地	40	10～15	约580	东北向，椭圆形	受东北向断层控制，夹于博白、陆川两断层之间。盆地内次级褶皱发育，褶曲宽缓，两翼被断层破坏，边缘岩层倾角30°～40°，中心部位近水平，沉积厚1708米	

续表

盆地名称	地理位置	规模			走向及形态	主要地质特征	备注
		长（千米）	宽（千米）	面积（平方千米）			
平吉盆地	钦州市稔子坪、平吉、广平等地	40	3～8	约200	东北向，长条形	位于灵山断层西北侧，岩层平缓，倾角5°～20°，有广平、稔子坪两个次级凹陷，沉积厚645米	有煤矿
容县盆地	容县	23	21	约300	东北、西北向，枫叶形	受东北、西北向断层共同控制，岩层平缓，沉积厚1402米	
合浦盆地	合浦县常乐、石康、党江、沙岗、西场及浦北县石埇等地	60	10～20	约950	东北向，喇叭状，西南延入北部湾海域	主要受东北向断层控制，东南翼陡（23°），边缘有东北向断层通过，西北翼缓（10°），盆地中心平缓	有石膏、煤、高岭土、泥炭、钛铁矿等

（四）平原

平原是陆地上最平坦的地域。海拔较低，一般在200米以下。宽广平坦，起伏很小，以较小的起伏区别于丘陵，以较小的整体海拔（低于1000米）区别于高原。平原类型较多，按高度分为高平原和低平原（海拔200米以下）两类，按成因分为堆积平原、溶蚀平原、冰碛平原和剥蚀平原。堆积平原是主要的平原类型，是在地壳下降运动速度较小的过程中，沉积物补偿性堆积形成的平原。洪积平原、海积平原都属于堆积平原。

广西降水量多，溪沟流水作用强烈，高大的山地山前冲积、洪积平原普遍发育，如大瑶山西麓的中平罗秀平原等。

广西平原有3.41万平方千米，占广西土地总面积的14.35%，分布比较零星，主要有冲积平原、海积平原、溶蚀平原、侵蚀-溶浊平原等（表5-2）。

表5-2　广西各类平原面积

类型	面积（平方千米）	占平原总面积（%）
冲积平原（含洪积平原、坡积平原）	18028	52.90
海积平原	2147	6.30
溶蚀平原	2488	7.30
侵蚀-溶蚀平原	11416	33.50
合计	34079	100.00

由表5-2可见，在广西各类平原中，冲积平原的面积最大，其次为侵蚀-溶蚀平原，两者共占平原总面积的86.4%。其中，冲积平原主要分布在桂东南、桂南沿海、桂中及右江河谷，面积均不大，最大的浔江平原仅629平方千米。冲积平原地势平坦、土层深厚、自然肥力高、水源充足、光照条件好，十分有利于发展农业。一部分冲积平原已开垦成水田或旱地，土地利用较充分，是目前广西最主要的粮食作物和经济作

物生产基地，也是城镇聚集区。如郁江–浔江平原、南流江三角洲等是
广西水稻、甘蔗、花生、水果等的主要生产基地。侵蚀–溶蚀平原分布
在碳酸盐岩与非碳酸盐岩接触地带，水热条件比冲积平原略差，但仍
然是广西重要的农业耕作区。溶蚀平原由碳酸盐岩溶蚀夷平而成，上
覆溶蚀残余物质组成的红土台地，如苏圩平原、来宾平原等，土层厚
度为0.5～3米，局部有石芽出露，成为石芽劣地。海积平原海拔一般为
1.5～2米，表层沉积物多为灰色或黑色泥质、沙质淤泥，如防城港市江
平一带，多辟为水稻田或盐田。故平原是米粮仓的理想基地，也是农工
商等行业发展的主要地区。

1. 浔江平原

　　浔江平原为冲积平原，是广西最大的平原。西起桂平市（图
5-18），东至平南县武林镇浔江两岸地区。面积629平方千米，平均海
拔30多米，由浔江及其两岸众多支流冲积形成。中生代末期至第四纪期
间为凹陷地带，沉积为古近纪红色岩系，后被第四纪河流冲积物所覆
盖。地势低平，河网密集，灌溉方便，土地肥沃，是广西主要的粮、蔗
生产基地。因下游藤县、梧州一带浔江河谷狭窄，洪水排泄不畅，每年
夏季易受洪水危害。

图5-18　桂平市全貌

2. 郁江平原

郁江平原（图5-19）为冲积平原，西起横县县城，东至桂平市城东的郁江沿岸地区，面积143平方千米。北面的莲花山、镇龙山及南面的六万大山为构造隆起，平原区则属广西"山"字形构造的弧外新生代断陷带，第四纪以郁江冲积、堆积为主，经后期河流下切，形成海拔100米、80米、60米的三级阶地。河漫滩一般海拔50米，最低海拔45米左右，组成广阔的冲积平原，尤其是北岸河漫滩面积最大，适合发展农业，是广西主要的粮食产区。部分平原下伏岩层属石灰岩，地下喀斯特发育，因此地表干旱，仍然需要解决灌溉问题。局部地方石灰岩出露地表，形成孤峰残丘、石芽地及浅洼地，如贵港三平圩、石卡圩、横县云表圩、谢圩等地。这些地方表土层浅薄，不利于种植水稻，近年改种甘蔗，收成尚好。

图5-19　郁江平原

3. 来宾平原

来宾平原为溶蚀-冲积平原，位于来宾市兴宾区中部和东北部，面积1038平方千米。基底岩层主要为石炭系灰岩，部分岩层为二叠系硅质灰岩和砂页岩。红水河自西向东贯穿中部，在溶蚀出露的石灰岩上堆积冲积物，从而形成溶蚀-冲积平原。河流沿岸高河漫滩仅高出河面10米左右，离河边稍远的地势逐渐增高，呈阶梯状分布。有不少洼地和湖泊，地表多为红土层覆盖，红土层中央有品位较高的锰结核层，储量大的成为锰矿，如八一锰矿等。平原上有石芽劣地及喀斯特孤峰散布。河流沿岸地势稍低，常被洪水淹没。底部石灰岩漏水，地表普遍干旱。农作物主要以玉米、甘蔗、木薯等耐旱作物为主。

4. 宾阳平原

宾阳平原为冲积、洪积-溶积平原，位于宾阳县北部，面积446平方千米。西部、南部及东南部均为中低山地，海拔700～1700米，东部及北部为海拔300～400米的喀斯特峰林。平原南半部以冲积、洪积成因为主，北半部以溶蚀成因为主。构造属桂中台地，新生代以来一直缓慢下降，清水江支流河网从中低山区搬运来的物质在南部堆积成冲积平原。平原海拔90～100米，从南向北沉积层厚度逐渐变薄，总地势向北倾斜。北部溶蚀残积层最薄，部分地方石灰岩裸露形成石芽地；低洼地方甚至积水成湖，如苏官塘。大部分地方土层深厚，灌溉条件良好，是广西主要粮食产区。北部因基底石灰岩漏水，水利设施差的地方容易受旱。

5. 苏圩平原

苏圩平原为溶积-冲积平原，位于南宁市区西南部，面积304平方千米。下伏泥盆石炭系灰岩，第三纪以来，地壳稳定或缓慢下降，受侵蚀、溶蚀夷平作用，地势变得平坦宽阔。第四纪后地表覆盖溶蚀残积和良凤江冲积的厚层堆积物，地表散立喀斯特孤峰或残丘，孤峰中有溶洞发育，地下河有时以天窗形式出露。良凤江上游支流较多，有利于农业灌溉。平原基底是石灰岩，漏水严重，水利条件差的地方容易干旱。广泛种植水稻、甘蔗、瓜果、蔬菜，是广西主要的瓜果、蔬菜生产基地。

6. 龙江河谷平原

龙江河谷平原为发育在断陷谷地的堆积平原，位于宜州区怀远、庆远、洛西一线的龙江两岸地区，面积194平方千米。受宜山弧形构造影响，龙江河谷沿深大断裂带发育，地形特别破碎，以稀疏的喀斯特峰林宽谷为主，两侧是海拔600～800米的喀斯特峰丛。龙江流经宽阔的谷地时，堆积出平坦的冲积平原及两级阶地。冲积平原在怀远、庆远及洛西段较宽平，宽5～6千米，其他河段则较狭窄。阶地相对高度为10～15米和40米。平原下伏石灰岩，起伏不平，局部地方甚至出露地面，形成难以利用的石芽地，但大部分地方冲积层都较厚，形成肥沃的土层，水源较为充足，气候温暖，农业较为发达。龙江支流的下枧河（图5-20）是刘三姐的故乡河，风光优美。

图5-20　下枧河风光

7. 黔江河谷平原

黔江河谷平原为构造断陷湖积、冲积平原，位于武宣县黄茆、二塘、武宣、三里和象州县石龙一带，面积约450平方千米。主要由古近纪断陷湖盆堆积及第四纪黔江冲积作用形成。海拔70～80米，高出河岸10～15米。平原表面土层2米以上为厚层红土，即膨润土，地质条件较差。部分地方下伏石灰岩，漏水严重，易干旱。农作物以甘蔗、玉米等耐旱作物为主，灌溉条件较好的地方可种水稻。

8. 右江河谷平原

右江河谷平原（图5-21）为沿深大断裂带发育的冲积平原。西起百色市，东至隆安县，长约150千米，宽5～20千米，面积350平方千米。河床两侧由内向外依次为冲积平原、阶地、丘陵和低山或喀斯特峰丛，谷地与丘陵山地界线明显。在右江，不同河段平原的宽度不同：百色至田东一带冲积平原和阶地都较宽广，宽度一般在8千米以上，河流冲积层比较深厚；思林以下谷地狭长，平原和阶地都狭窄，宽度不过3千米，低丘分布广，如思林至果化、隆安南岸，以及平果北岸都有海拔250米以下、相对高度80～100米的低丘；隆安、下颜、果德、果化、思林等附近的右江沿岸，分布的冲积平原很狭窄，基底由石灰岩构成，上

图5-21　右江河谷平原

覆厚度不大的冲积层,有的地段残丘和石芽遍布;隆安南部右江下游,冲积平原较广,宽3~6千米。右江河谷平原水土光热条件好,是广西重要产粮区和杧果生产基地。

9. 南流江河谷平原

南流江河谷平原为断陷盆地发育的冲积平原,由南流江切过合浦台地,冲积物在合浦断陷盆地堆积形成。面积约1200平方千米,海拔4米左右,地势低平,遇暴雨洪水时,南流江易泛滥成灾,三角洲地区河流分叉成网状,使洪水泛滥面积加大,同时还易受台风与风暴潮侵袭。包括三角洲在内的南流江冲积平原(图5-22)地势平坦,土地肥沃,水热条件优异,农业发达,是广西主要粮食和经济作物生产基地。

图5-22 南流江三角洲

10. 钦江河谷平原

钦江河谷平原为沿钦江凹陷堆积的冲积平原,位于钦州市中部,面积512平方千米。钦江谷地长130千米,宽2~10千米。谷地两侧为钦江阶地,第一级比高为10~15千米,第二级比高为25~30千米,第三级比高为60~80米。由于受阶地约束,由河漫滩组成的冲积平原较为狭窄,宽度一般小于4千米,但分布连续。河流冲积层在钦江上游灵山一带很薄，向下游逐渐增厚，水热条件较好，是钦州市重要的农业区。钦江上游与郁江支流沙河仅相距2千米，分水高地比高为25～30米，若开凿平陆运河，即可使西江水运直接从钦江出海。

11. 江平海积平原

江平海积平原为江平断陷海积平原，位于东兴市区至江平镇一线以南地区，面积约100平方千米。古近纪喜马拉雅运动及新构造运动造成东兴至江平一线以南地壳断陷，第四纪以来，海积作用在平坦水浅的江平断陷盆地上堆积成海积平原。陆进海退的模式是"离岸堤—潟湖—湿地—干地"，人工围海造田大大地加快了海退的进程，特别是人工围海将京族三岛与江平连成一片，可发展水田、旱地和盐田等。

（五）海岸地貌

广西海岸位于中国海岸的西南端，东起英罗港与广东省分界处，西至中越边界的北仑河口，海岸线长1595千米。面积在500平方米以上的岛屿有651个，岛屿总面积66.9平方千米，其海岸线总长460千米。滩涂面积1005平方千米。以大风江口为界，东部主要为平原海岸，海岸地貌类型以沙质海滩和淤泥质海滩为主，海岸线比较平直，水下岸坡浅平；西部主要是山地丘陵海岸，海岸地貌类型以海蚀地貌和沙砾海滩为主，海岸线曲折，岬港相间，岛屿众多，水下岸坡深陡。在淤泥质海滩上多生长有红树林，形成独特的红树林海岸。最大的两个岛屿为涠洲岛（图5-23）和斜阳岛，还有大量的珊瑚礁海岸。

图5-23　涠洲岛海石平台景观

二、岩石地貌

（一）喀斯特地貌

广西碳酸盐岩分布面积约9.4万平方千米，占广西土地总面积的39.56%，连片分布于桂西南、桂西北、桂中和桂东北。出露地表的碳酸盐岩面积为8.95万平方千米，发育了世界上最典型的喀斯特地貌，以秀甲天下的桂林山水为代表。地表地貌组合主要有峰丛洼地、峰林谷地（图5-24）和孤峰平原，地下有庞大的地下河系统和溶洞系统。峰丛区主要分布在桂西，峰林区主要分布在桂东北和桂中，孤峰区主要分布在黎塘、贵港和玉林一带。广西喀斯特地貌发育完善，景观优美，无山不洞，处处都有观赏价值，与丰富的铝土矿一起被誉为"山水铝"。

图5-24 峰林谷地

（二）花岗岩地貌

　　花岗岩地貌是由花岗岩体构成的峰林状岩峰与球状岩丘。花岗岩地貌发育受岩体形状影响，岩株状花岗岩质地坚硬，垂直节理发育，在流水和重力作用下，岩体崩塌极为显著，常形成峻峭的山体，如猫儿山、元宝山（图5-25）等；穹隆状花岗岩体，在沿节理方向进行的流水侵蚀和亚热带湿热气候强烈的风化作用下，呈现出浑圆轮廓的山地丘陵，如越城岭、海洋山、桂平西山、防城淡旱顶、岑溪丘陵等。

（三）丹霞地貌

　　丹霞地貌有两种。一是主要发育于中新生代红色砂岩、砂砾岩地层中，经地壳缓慢抬升，在流水侵蚀和风化侵蚀等作用下形成山顶平齐、

图5-25　元宝山秀峰

山坡陡峭、山麓和缓、具有赤壁丹崖景观的山体，称为盾丹霞地貌。广西的盾丹霞地貌主要有资源八角寨、容县都峤山、藤县狮山、北流铜石岭、桂平白石山（图5-26）、博白宴石山等。二是砂岩峰林，又称矛丹霞地貌，主要分布在金秀瑶族自治县莲花山、罗汉山、五指山（图5-27）与圣堂山等山地。地貌类型以砂岩峰林为主，由泥盆系坚硬的碎屑岩组成，与红色砂砾岩地层组成的盾丹霞地貌差别较大。

　　喀斯特地貌、花岗岩地貌和丹霞地貌等都是广西重要的地貌旅游资源。

图5-26   桂平白石山

图5-27   金秀五指山

第六章 广西盆地资源

广西盆地素有"聚宝盆"之称，其资源种类多，分布广，藏量大，开发早，为推动广西经济可持续发展，丰富人民生活，支援国家建设发挥了重要作用。各类资源总的状况在第一章已简要介绍，本章重点介绍每一类资源中典型、突出的资源。

一、矿产资源

广西矿产资源丰富，种类繁多，分布广泛，储量较大。截至2015年底，广西已发现矿种145种（含亚矿种），已查明资源储量的矿产有97种，约占全国已查明资源储量矿种（226种）的42.92%。在我国45种主要矿产中，广西有30种，包括煤、铁、锰、钛、铜、铅、锌、铝、钨、锡、锑、镍、钴、钼、金、银、镉、萤石、磷、硫铁矿、重晶石、滑石、水泥用灰岩、高岭土、耐火黏土、石膏、膨润土、饰面花岗岩、饰面大理岩、稀有金属矿产等。广西部分矿藏储量更是位于全国前列，甚至世界前列，是中国10个重点有色金属产区之一，所以广西亦称"有色金属之乡"。

广西14个地级市均有矿产资源分布，其中，铝土矿、锰矿主要分布在桂西百色、崇左地区，锡、铅、锌等主要分布在桂西北河池地区，高岭土主要分布在桂南北海地区，水泥用灰岩、重晶石等主要分布在桂中柳州、贵港、来宾，花岗岩石材、钛铁矿等主要分布在桂东梧州、贺州，煤矿主要分布在桂西百色和桂中来宾合山等地。

广西各地矿产资源分布不均衡，河池市、百色市矿产资源最为丰富，是矿产资源勘查开发的重点地区。河池市的矿产保有资源储量占广西矿产资源总量分别为煤20.33%、铅54.75%、锌76.55%、锡77.84%、锑83.93%、金30.46%、银56.61%、镉89.62%，百色市的矿产保有资源储量占广西矿产资源总量分别为煤23.76%、锰17.25%、铜25.83%、铝98.56%、锑12.03%、金21.21%、重晶石10.89%。

（一）一般矿产

1. 煤矿

煤矿为能源矿产。广西现代煤矿地质勘查始于1955年，至2015年，查明煤矿产地173处，其中中型煤产地（井、田、探区或煤矿）11处，其余为小型煤产地。早石炭世大塘阶寺门段滨海沼泽相沉积型无烟煤主要分布在环江、罗城、柳城、柳州、兴安、全州等地。晚二叠世合山组浅海碳酸盐台地潮坪相沉积型贫煤、瘦煤和无烟煤主要分布在合山、来宾、宜山、忻城、都安、马山，次为扶绥、横县、贵港等地。早侏罗世大岭期浅海、滨海沼泽相沉积型气肥煤、焦瘦煤主要分布在贺州市八步区和钟山县交界处。古近纪始新-渐新世和新近纪上新-中新世内陆湖泊相沉积型褐煤、长焰煤主要分布在百色、田阳、田东、南宁、邕宁、宁明、上思、钦州等地。累计探明煤炭资源储量24.5亿吨，保有煤炭资源储量21.56亿吨，居全国各省份第21位。明清时期，环江、罗城、融水等地矿产开发较盛；民国时期主要在合山、西湾两矿区开采；中华人民共和国成立后，广西煤炭工业发展较快，1950～1985年建成一批国有矿山，生产能力580万吨／年。广西壮族自治区重点煤矿山有合山矿务局、东罗矿务局等12个，其中广西直属矿山有6个，地市属矿山有5个，县属矿山有1个。1990年全广西有年产大于3万吨的矿井53处，生产能力677万吨，2000年减至497万吨。

2. 石油、天然气

至2015年末，广西查明15处小型油气田，累计探明石油资源储量1.25亿吨，天然气资源储量1200亿立方米。1935年，在百色盆地那满、林蓬发现油砂岩。1958年9月，1600A钻井发生天然气井喷。1959年2月，广西第一口油井日产原油0.4立方米。1974年8月，北部湾海域涠西南凹陷湾一口油井发生天然气井喷，随后获工业油流。1982年起，广西石油化工局田东油矿和百色油厂分别在林蓬、仑圩等小油田开采，1982～2000年共生产原油161.62万吨。

3. 铀矿

1943年，中国首先在广西钟山县发现铀矿（图6-1）。至2015年，广西查明铀矿产地41处，其中大型矿床2处、中型矿床5处，其余为小型矿床，保有资源储量居全国各省份第5位。铀矿类型有与岩浆作用有关

图6-1　铀矿

的花岗岩型、热液型铀矿床和与热卤水作用有关的层控碳质泥岩型、碳酸盐岩–细碎屑岩型铀矿床。大新县373铀矿床已开采，其他均未开采利用。

4. 锰矿

锰矿为钢铁工业原料和重要化工原料，含锰矿物150多种。广西锰矿资源丰富，探明资源储量的矿区（矿段）有49处，其中大新县下雷、靖西市湖润2处为大型矿床，武鸣区板苏、柳江区思荣、大新县土湖、天等县东平、来宾市凤凰、平乐县二塘和银山岭、荔浦县、桂平市木圭、田东县龙怀、德保县足荣、靖西市新兴、宜州区龙头、钦州市华荣至大垌一带等14处为中型矿床，其余为小型矿床。累计探明资源储量（矿石）2.55亿吨，占全国锰矿资源总量的36.98%，居全国各省份第1位。锰矿主要分布在崇左市和百色市，探明资源储量分别为1.46亿吨和4441.6万吨，占广西锰矿资源总量的57.25%和17.42%。氧化锰矿为开采的主要对象，碳酸锰矿因选冶问题尚未完全解决，仅少量开采。2004年，全广西有开采锰矿的矿山企业135家，产矿石153.42万吨，工业总产值4.93亿元。中国探明和保有资源储量最大的锰矿山是广西大新锰矿（图6-2）。

图6-2　广西大新锰矿

5. 钛矿

广西保有资源储量的钛铁砂矿矿产地有10处，其中1988年以后勘查的矿产地有3处。钛矿（图6-3）主要分布于梧州、北海两市，保有资源储量分别占广西钛矿资源总量的81.69%和17.93%。

图6-3　钛矿

（二）有色金属矿产

1. 铜矿

广西保有资源储量的铜矿矿产地有20处，主要分布于南宁市、百色市和来宾市。保有资源储量分别占广西铜矿资源总量的37.79%、25.83%和10.78%。其中，1988年以后勘查的9处铜矿矿产地中，有4处为与铅、锌、锡、锑、金的共伴生矿床。广西铜矿以武鸣两江铜矿、德保铜矿为代表。

2. 铝土矿

至2015年末，广西查明铝土矿矿产地有27处，其中大型矿床9处，中型矿床3处，其余为小型矿床。累计探明一水铝土矿矿石资源储量5.21亿吨，其中富矿石资源储量4.36亿吨。平果、田东、德保探明铝土矿矿体中有D级至G级资源储量5.02亿吨，是国内最重要的富铝资源工业基地。累计探明铝土矿矿石资源储量5.21亿吨，铝土矿矿石保有资源储量5.11亿吨，居全国第4位。其中岩溶堆积型铝土矿富矿石资源储量位居全国第1位。1958年，平果县、田东县开始将铝土矿作为耐火材料原料进行手工开采。广西铝的冶炼工业始于20世纪60年代，当时建成的南宁铝厂年生产能力1000吨。20世纪70年代初，随着一批小铝厂相继建成投产和南宁铝厂的改造扩建，广西铝的年生产能力达到5000吨。1987年，平果铝业公司成立，拉开广西大规模铝业开发的序幕。广西铝土矿以平果铝土矿、德保铝土矿为代表。

平果铝土矿区由那豆、教美、太平3处大型岩溶堆积型矿床和那豆、那豆布绒、那豆古案、八秀、教美5处中、小型原生沉积型铝土矿床组成。累计探明岩溶堆积型铝土矿富矿石资源储量1.68亿吨，原生沉积型铝土矿矿石资源储量5646万吨；岩溶堆积型铝土矿富矿石保有资源储量1.58亿吨，占全广西保有储量的30.97%和全广西岩溶堆积型储量的37.09%；原生沉积型铝土矿矿石保有资源储量5464万吨，占全广西保有储量的11.04%。1958年，平果县新袍铝土矿在那豆矿床山营村建立，为小型露天手工民采矿山，矿石可用作耐火材料和磨料的原料。平果铝业公司于1987年11月成立，1994年部分投产，当年生产特优级铝锭产品1371吨，1995年全面建成，1997年达标生产，2000年产铝土矿石200余万吨、氧化铝42.5万吨、电解铝约15万吨。

德保铝土矿区由龙华大型铝土矿床和登贡及登贡外围两处中型铝土矿床组成，属与风化作用有关的次生岩溶堆积型铝土矿床。累计探明和保有铝土矿富矿石资源储量5471万吨，占全广西岩溶堆积型保有储量的12.81%。目前已由广西华银铝业公司投资开采。

（三）贵金属矿产

性质独特、价格昂贵的金属矿床包括金、银、铂、钯等矿产。目前广西贵金属矿产已发现有金、银、铂、钯4种。其中，金、银发现和利用较早，经勘查，探明有一定的储量；铂、钯矿产仅在个别矿区发现有矿化现象。

1. 金矿

至2015年末，广西已探明金矿产地65处，其中中型矿床4处，其余为小型矿床，主要分布在凤山、田林、凌云、乐业、贵港覃塘、横县、凭祥、上林、昭平、藤县、贺州八步等县（市、区）。矿床成因类型主要有与热卤水作用有关的超显微粒浸染型、与岩浆作用有关的次火山岩型（斑岩型）、石英脉型、断裂蚀变型、热液型金矿床和与风化作用有关的冲积、洪积型砂金矿床。累计探明黄金资源储量132.61吨，其中岩金119.75吨，砂金7.76吨，伴生金5.10吨；黄金保有资源储量88.77吨，其中岩金77.80吨，砂金7.49吨，伴生金3.48吨。广西金矿资源储量居全国各省份第21位。

2. 银矿

至2015年末，广西已探明银矿产地37处，其中大型矿床3处，中型矿床10处，其余为小型矿床。累计探明白银资源储量1.04万吨，白银保有资源储量6096吨，居全国各省份第5位。在探明的银矿中，单一银矿床有2处，分布在隆安县，探明储量1402吨，占全广西银矿储量的13.43%；以银为主的矿床有6处，主要分布在桂东南的宾阳、蒙山、博白、北流等县（市），探明储量1145吨，占全广西银矿储量的10.95%；共生、伴生银矿床有29处，主要分布在南丹、河池、环江、融安、阳朔、贺州八步、资源、恭城、岑溪、贵港、陆川、浦北等县（市、区），探明储量7897吨，占全广西银矿储量的75.51%。

隋唐时期广西已有民采银矿。宋代，贺州、昭州、梧州等10多个地方产银。明代，南丹州、庆远府、浔州均产银。此后民采不断。1955年，随泗顶铅锌矿勘查探明有少量伴生白银储量起，先后探明一批共生、伴生银矿床，直到1992年凤凰山银矿探明后，才有单一的独立银矿床。20世纪50年代后，白银生产主要靠有色金属矿山和冶金企业综合回收。20世纪60年代末至70年代初，有一批有色金属矿山开始回收白银，其中1967年大厂矿务局、1968年佛子冲铅锌矿、1970年大新铅锌矿、1973年拉么锌矿和德保铜矿开始从选矿过程中回收白银。1983年全广西白银生产归中国有色金属工业总公司南宁公司管理。2000年广西年产白银89.20吨。

（四）非金属矿产

非金属矿产为可提取某种非金属元素或直接利用其某种工艺性质的矿产资源。广西非金属矿产资源丰富，已探明资源储量的有51种，可分为冶金辅助原料类、化工原料及化肥原料类、工业制造用矿物原料类、压电及光学矿物原料类、陶瓷及玻璃原料类、建筑材料及水泥原料类、宝石及工艺美术类等。非金属矿产有矿区425处（含共生、伴生矿区）。以下重点介绍广西宝玉石资源。

1. 广西宝玉石资源现状的特点

第一，广西宝玉石除对水晶和珍珠有较详细、深入的研究外，其他多为报道或传说，大多无具体的定性、定量研究。第二，从现有的资料来看，广西具有高档次、高质量的宝玉石极少，多为中低档宝玉石；宝玉石品种较多，约21种，分布于数个市（县），有数百个矿点或矿产地，各矿种蕴藏量极不平衡。第三，资源开采和利用水平低。目前广西尚无专门的国有宝玉石开采矿山，也无专门从事宝玉石研究的机构和人才。广西宝玉业的原材料，一是来源于广西境外，二是从开采其他矿种的矿山中偶尔获得，三是从业余的宝玉石采矿者手中选购。各地宝玉石加工部门（作坊）都深感原石料来源极为不足。

2. 广西宝玉石分类

广西宝玉石属广义宝玉石，其资源以中、低档为主，故采取灵活实用的分类方案（表6-1）。

表 6-1 广西宝玉石分类、分布表

类别	宝玉石品种	档次			资源估价	产地及产状
		高	中	低		
无机宝玉石	金绿宝石	√			罕见	北海涠洲岛潮间带
	绿柱石		√	√	少量	桂东北伟晶岩中，百色市、钟山燕塘黄宝村、贵港平天山
	黄玉			√	少量	桂东北伟晶岩中
	橄榄石			√	少量	北海涠洲岛潮间带
	石榴石		√	√		百色市、南丹矽卡岩矿床伴生。砂矿
	电气石			√	少量	百色市，伴生在其他矿石中
	玛瑙		√	√	较丰富	都安六良，武鸣李驴，宾阳陈岭，博白大甬、茶根，陆川尖塘，崇左雷冬、宁明、凭祥。第四系砂矿

续表

类别	宝玉石品种	档次			资源估价	产地及产状
		高	中	低		
无机宝玉石	金刚石			√	小、少量难见（迄今发现101颗）	桂北地区（34颗）、大瑶山地区（64颗）、平乐至荔浦地区（3颗）。均为砂矿
	水晶		√（黄紫、无色）	√	丰富	大型矿床有田阳新洞、百色巴平、凌云下甲、上林笔架山，中型矿床有上林镇圩、田阳赖贡、德保那甲、隆林德峨，小型矿床有23处，矿点有130个。为原生及砂矿
	萤石			√	较丰富（461.4万吨）	大型矿床有玉林市北流市，中型矿床有资源滑石江、防城港四方岭，小型矿床有灌阳黄关、资源胡家田，原生矿点有13处
	蛇纹石			√	较丰富（8处）	融水荣塘、苟山林洞、六岭、田头、甲坳、洞安及三江上友
	叶蜡石		√	√	一定藏量	防城港市东兴中越边境。脉状矿体

续表

类别	宝玉石品种	档次			资源估价	产地及产状
		高	中	低		
无机宝玉石	冰洲石		√（罕见）	√	一定藏量	大化塘肯，田林龙爱，来宾饭铺岭、黄峡、莲花、牛角塘，横县巴昌等。原生矿
	孔雀石			√	少量	德保钦甲、金秀、南丹。多呈伴生状态或为河沟滚石
	软玉（特级滑石）		√	√	一定藏量	龙胜三门镇鸡爪村。原生矿，少量为滚石
	特级黄蜡石			√	一定藏量	贺州市钟山县郊第四系土包及沟谷
	白玉石	√			少量	大化岩滩
	红碧玉		√	√	较丰富	龙胜三门河、下花河，浔江中游瓢里镇的交州、思陇、牙寨一带。原生石产于天平山蔚青岭一带
	碧玉			√	一定藏量	桂平市黔江那无河段沙滩
	玻璃陨石			√	少量	百色盆地
	复体生物化石			√	较丰富	广西上古生界藻、珊瑚、层孔虫化石等
有机宝玉石	珍珠	√	√	√	丰富	北海珍珠养殖基地
	红珊瑚			√	少量	涠洲岛附近海域

（1）水晶

广西水晶（图6-4）原来是以采集电力工业所需的压电水晶和熔炼水晶为目的的勘察和开采，所以资源研究较深入，现将前者定为中档宝石，后者定为低档宝石。

图6-4 水晶晶簇

广西有水晶矿产地161处，其中探明资源储量的有大型矿床4处，中型矿床4处，小型矿床23处，水晶矿点130处。主要分布在田阳、凌云、百色、平果、德保、靖西、乐业、隆林、西林、上林、隆安、马山、大新、天等、武鸣、全州、灌阳、钟山、环江、巴马、东兰、都安22个县（市、区）。百色市中档水晶探明储量占广西水晶总储量的78.04%，南宁市和崇左市共占20.14%；低档水晶方面，百色市占33.41%，南宁市和崇左市共占45.86%，梧州市和贺州市共占18.58%。矿床类型有石英脉型、石英-方解石脉型、矽卡岩型、次生堆积型等。水晶晶形一般较完整，以六方柱状为主，部分为短柱状、长柱状、道芬型、塔状和三方柱状，对径一般为1.2～5厘米，无色透明，局部为烟色、茶色。

（2）萤石

广西有萤石矿产地11处，其中大型矿床1处，中型矿床2处，小型矿床2处，探明资源储量461.4万吨，主要分布在玉林、资源、灌阳、防城港等地。矿床类型主要为低温热液型。萤石（图6-5）除作为化工、冶

图6-5　萤石

图6-6　红碧玉

金、陶瓷等工业原料外，色彩艳丽者还是雕刻工艺品的好材料。

（3）龙胜红碧玉

龙胜红碧玉（图6-6）主要分布在蔚青岭外围的大地河（又名下花河）、三门河及其汇入的龙胜浔江河中游瓢里镇的交州、思陇、牙寨一带，而仅有百分之几的小型红彩卵石继续沿龙胜浔江顺流而下被带到下游的三江县沙宜至斗江一带。原生露头部分分布在龙胜三门镇大地村后山的路边及邻近的沟谷、峡谷中，为晚元古代鹰阳关组、合桐组的血红色碧玉岩、紫红色含铁碧玉岩、碧玉化石英岩，以及石英岩、硅质岩、碳硅岩板岩和同心球状硅质叠层藻化石等。

龙胜红碧玉色彩艳丽，造型多变，

多为具有丰满庄重气势的意象石和山水景观石，也有人物、动物等象形石，以及图纹石、文字石等，其造型也极为美观，如此坚硬的石种能形成奇特的造型是极为难得的。

（4）蛇纹石

广西蛇纹石矿产已发现8处，其中探明中型矿床3处。蛇纹石矿主要产于桂北九万大山和元宝山一带的中元古界四堡期超基性岩中。超基性岩是一套与基性火山喷发岩有着成因联系的变橄榄岩、变辉榄岩，岩体形态有条带状、透镜状、豆荚状及不规则状，均顺层分布与围岩整合接触，色深，呈黑、绿、红等混合色。岩体以厚度小、延伸远、层位稳定为特点，厚度一般为20～50米，最厚可达350米，长2000～3000米。蛇纹石均为岩体中心变辉橄岩蚀变的产物，是雕刻工艺品的良好材料。

（5）钟山黄蜡石

钟山黄蜡石（图6-7）主要分布于燕塘的黄宝河、红花的思勤江、钟山的富江等河流及附近的小溪、山冲、深谷小山包等地。已发现的有黄、白、红、黑、冰雪、紫、彩色、玛瑙质、似田黄9种色的蜡石，是人见人爱的观赏石。硬度为6左右，卵石粒径从几厘米至80厘米不等，其中一些结构细腻的蜡石是良好的工艺品雕刻材料。目前均为滚石，原生露头尚未发现，推测钟山黄蜡石主要是由燕山期花岗岩体与上古生

图6-7　黄蜡石

界围岩接触带附近的石英脉破碎风化溶蚀后形成的。在风化溶蚀的过程中，由于矿物质致色作用使石肤润泽，美丽诱人。

（6）金刚石

金刚石是世界公认的最名贵的宝石之一。目前为止广西共采获金刚石101颗，均属微粒型砂矿，达不到宝石级。其中在第四系冲积物、洪积物中采获100颗，中泥盆统信都组底砾岩中采获1颗。依地质构造不同，可将金刚石出土点大体划分为3个区域：①桂北地区，包括龙胜、三江、融安、永福等地，地质构造属龙胜褶断带和罗城褶断带。有金刚石出土点10个，共获金刚石34颗，除1颗获自底砾岩外，其余皆获自第四系冲积、洪积层内。该区域内几条深断裂旁发现部分煌斑岩岩脉，岩脉中有少量含铬镁铝榴石、含铬透辉石、铬尖晶石等金刚石指示矿物。②大瑶山地区，包括金秀、藤县、蒙山、昭平、平南及桂平等地，地质构造属大瑶山凸起。有金刚石出土点24个，共采获金刚石64颗，全部产于第四系冲积、洪积层内。该区域内发现有燕山期、喜马拉雅期的煌斑岩、基性–超基性岩，主要受控于龙胜–永福、栗木–马江等大断裂。于粗玄岩、玢岩脉中发现少量含铬镁铝榴石。③平乐至荔浦一带，包括平乐、荔浦、鹿寨等地，属桂林弧形褶断带和海洋山褶断带。有金刚石出土点3个，共采获金刚石3颗，均产于冲积、洪积层内。该区域内见有煌斑岩、云煌岩、云斜煌斑岩、拉辉煌斑岩等呈脉状、岩筒状成群出现，其中云煌岩、拉辉煌斑岩含有金刚石指示矿物镁铝榴石、含铬镁铝榴石。

综上所述，广西共采获金刚石101颗，但未见原生矿。与成矿有关的岩石与辽宁、山东、贵州等地的金伯利岩相比，具有氧化铝含量高，氧化铁含量低，氧化亚铁含量高，三氧化二铬、氧化镍含量低等明显差别。虽在煌斑岩类岩石中发现了镁铝榴石、含铬镁铝榴石及铬尖晶石等金刚石指示性矿物，但找矿前景仍难以预料。

（7）冰洲石

广西仅探明位于大化瑶族自治县塘肯的1处冰洲石产地。此外，尚发现田林县龙爱，来宾市饭铺岭、黄峡、莲花、牛角塘及横县巴昌等6个矿点，但只做过检查，开发程度低。

广西发现的冰洲石矿床（点）均属于与灰岩有关的低温热液型矿床。其中，塘肯矿床以残坡积矿为主，上石炭统灰岩裂隙内有不规则脉状、巢状原生矿，附近有辉绿岩、煌斑岩及花岗岩出露，其热液来源尚无统一认识。

矿床（点）主要产于上泥盆统融县组、上石岩统黄龙组及中二叠统栖霞阶、茅口阶等层位灰岩内。矿体规模小，长10余米，宽1米至数米，厚1～2米，形态复杂，多呈脉状、巢状赋存于构造裂隙、溶洞发育处的方解石脉内，多数矿石质量欠佳。桂中、桂西及桂西北的晚古生界灰岩分布区有一定的找矿远景。

（8）橄榄石

广西橄榄石主要产于北海市涠洲岛西南近滴水村潮间带第四系的橄榄玄武岩、凝灰质火山碎屑岩的残坡积层中，多呈黄绿色，直径1～5毫米，其中较大的橄榄石表面常有小裂隙。还有一种以伴生为主，产于三江县梅林乡北部的蛇纹石、橄榄石矿床中，那里有伴生橄榄石，残坡积层中有少量橄榄石晶体。

（9）石榴石

广西石榴石主要以伴生状态产于南丹大厂一带的矽卡岩型多金属矿床围岩中，少量以晶体分散在第四系残坡积层中。还有一种产于百色市一些矽卡岩矿床分布区的第四系残坡积层中。石榴石以较好的晶体形态呈现，一般呈深褐色，数量较少。

（10）黄玉

广西黄玉以伴生状态产于桂东北的伟晶中，档次较低，藏量少。世界上适合作为宝石使用的棕黄、黄棕、浅蓝至淡蓝、粉红及无色的黄玉较为少见，但它分布区域甚广，著名的产区有巴西、斯里兰卡、美国加利福尼亚的巴拉地区，另外，苏格兰、纳米比亚、澳大利亚、日本、缅甸以及我国广东、云南、河北、湖南张家界等地均有相当数量出产。

（11）孔雀石

广西孔雀石多以伴生状态分布于铜矿等有色金属、金矿矿区，如德保钦甲、金秀大瑶山、南丹大厂、贵港龙头山等地，多为分散状混杂在其他矿石或围岩中，本身呈质纯致密块状的极少，一般最大块体直径10～15厘米，故作为质纯玉石开采的藏量有限。

（12）碧玉

广西碧玉多产于桂平市黔江那无圩一带河心滩上，呈大砾石状，砾径8～15厘米，雨淋后或泡在水中呈豆绿色，原岩应为泥盆系的硅化粉砂岩，质地坚硬，推测硬度为6～7。有一定藏量，属低档玉石。

（13）玻璃陨石

广西玻璃陨石（图6-8）主要分布于百色盆地的田东县，已发现10余颗，大小不一，有椭球形、球形和不规则形态。玻璃陨石呈黑色，表面粗糙，有大小不等、排列不规则的小瘤点，在大个体表面还有旋纹，断面可见结构十分致密。玻璃陨石似黑色玻璃，质地坚硬，是难得的高级工艺品原材料。

图6-8　玻璃陨石

（14）电气石

广西电气石较大的晶体分布于百色市周围第四系残坡积层中。村民采集到的电气石已被百色市民族宝石研究所收购收藏，其量较少，质量欠佳。一般产于花岗岩、花岗伟晶岩、云英岩、变质岩及砂矿中。电气石硬度为7～7.5，颜色多变，富铁者呈黑色、深蓝色，富锂、锰和铯者呈蓝色、淡蓝色，富镁者呈褐色和黄色，富锂者呈深绿色，呈透明色且美者是宝石原料（碧玺）。

（15）复体生物化石

复体生物化石指的是藻类、珊瑚、刺毛类、层孔虫等复体（造礁）生物的化石，其石多为泥晶灰岩，以轻变质的质量更好。复体生物化石是工艺品石材，全广西上古生界碳酸盐岩中均有不同程度分布，其中形成生物礁量大的地方有灵川岩山礁、宁明亭亮礁、奇峰镇礁、猴山礁、环江北山礁，南丹大厂礁等。

（16）大化白玉

大化白玉产于大化瑶族自治县岩滩镇红水河河漫滩上。白玉质地细腻，在某种程度上可与新疆和田玉媲美，可惜藏量太少。

（17）红珊瑚

广西红珊瑚分布于北海市涠洲岛附近海域。珊瑚枝直径0.5～1厘米，呈橘红色，具蜡状光泽，可制作成小挂件及烟嘴等小饰品，藏量有限。

（18）珍珠

北海珍珠也称南珠，早在西汉时就被钦点为贡品进贡给皇帝。历史上被誉为"国宝"。如今，北京故宫博物院中摆设陈列的珍珠，其中大部分都是北海产的南珠。它素以凝重结实、光滑洁白、晶莹璀璨、光泽持久、浑圆莹润、玲珑瑰丽、珠大且圆而名扬海内外。

南珠是贵重饰物，世有"西珠不如东珠，东珠不如南珠"之说。北海合浦珍珠的颜色，除白色外，还有红色、紫色、绿色、黑色等海水彩色珍珠。目前，彩色珍珠已经远销意大利、加拿大、美国等国家。作为饰品，它可以做成项链、吊坠、耳环、戒指、别针、单粒珠等，佩戴之人可显得雍容华丽、高贵典雅，使人爱不释手，乃送礼之佳品。2005年，北海市珍珠养殖面积达3334公顷，养殖场数百个，从业人员2万多人，年放养插核育珠6500多万只，年产珍珠7006千克，珍珠及副产品综合加工年产值达3.5亿元以上。2009年，北海市珍珠年产量9000多千克，约占中国珍珠总产量的45%。

二、水资源

（一）河流

广西河流众多，包括珠江流域的西江水系，长江流域的湘江、资江水系，桂南沿海的南流江水系，红河流域的百都河水系。其中西江水系最大，主要干流有西江、浔江、郁江、右江、左江、桂江、柳江、红水河、黔江等。这些河流受广西盆地地形的影响，顺应地势的总倾斜方向，从西北、东北和南部向干流汇集，总汇于梧州后称西江。

1. 西江水系

西江水系分布于广西西部至东部，主要河流有红水河、郁江、柳江、桂江、贺江等。流域面积在50平方千米以上的河流有833条，其中49条流入贺江经广东注入西江，其余784条流入广西境内各支流，经梧州汇入西江。在梧州境内，由桂江和浔江汇流而成的鸳鸯江（图6-9）清黄分明，堪称奇观。西江水系在广西境内流域面积20.24万平方千米，占广西土地总面积的85.19%，年径流深751毫米，年径流量1538.7亿立方米，占广西径流总量的81.8%，是广西最大的水系。

（1）红水河

红水河发源于云贵高原，因流速快、含沙量较高、一年中（4～10

图6-9　西江水系之梧州鸳鸯江

月）多数月份水质浑浊而得名。全长1050千米，总落差760米，年总水量1300多亿立方米，为黄河的2.86倍，可发电1108万千瓦时以上，被列为全国十大水电基地之一。广西计划在红水河上建10个梯级电站，总装机容量1200多万千瓦时，电站全部建成后，年可发电600多亿千瓦时。

　　红水河沿岸风景优美，为典型的岩溶地貌，石山峰林、峡谷、险滩随处可见。红水河上的梯级电站（图6-10）是当代高水平人文建筑，甚为壮观。随着水电站的建成，部分老的景点消逝，但更多的新景点又产生。其中岩滩、大化两座电站闸坝封水后，不仅形成大的人工湖，还形成很多小岛、半岛和峡谷（板兰峡、弄岭峡、弄爱峡），清江浊河交汇形成的鸳鸯江，沿岸还有仙女睡山、双狮山、神鹰山等100多个新景点。加上红水河流经很多少数民族居住区，区域民族风情十分浓郁，土特产物奇样多。红水河已由过去的灾难河变为发电河、运输河、旅游河和致富河。

　　（2）郁江

　　郁江横贯广西中部，河长1179千米，总落差1655米，平均坡降1.4‰，流域面积9.07万平方千米，广西境内流域面积为7万平方千米，占西江水系总面积的34.5%。郁江干流右江上游称驮娘江，发源于云南

图6-10 红水河上的梯级电站

省广南县，经百色盆地至邕宁区宋村纳左江后称邕江，后流经南宁市至桂平市与来宾市黔江汇合。郁江上游百色以上段长388千米，落差1554米，平均坡降4.01‰；百色到宋村右江段长338千米，落差59米，平均坡降0.17‰；宋村至桂平段长426千米，落差42米，平均坡降0.1‰。郁江多年平均径流量479亿立方米，径流深546.4毫米；汛期为每年5～10月，径流量400亿立方米，占年径流量的84%，是广西径流量最集中于汛期的河流；年平均含沙量0.34千克/米³，侵蚀模数107吨/千米²。

（3）柳江

柳江（图6-11）位于广西中北部，跨桂、黔、湘三省（区），是西江水系第二大支流。上游称都柳江，发源于贵州省独山县上里腊，向南流经贵州省从江县进入广西三江县老堡乡与古宜河汇合称融江，后向南至柳城县凤山镇与龙江汇合称柳江，再流经柳州至象州县石龙镇止。

全长773 千米，总落差1297 米，平均坡降1.7‰，流域面积5.72万平方千米，广西境内流域面积4.19万平方千米。上游都柳江长365.5 千米，落差1214 米，平均坡降3.3‰，水力资源丰富；中游融江长182.5 千米，落差47.5 米，平均坡降0.26‰；下游柳江长202.5 千米，落差35.5米，平均坡降0.18‰。

柳江多年平均径流量410亿立方米，径流深894.7 毫米；汛期为每年4～9月，径流量335亿立方米，占年径流量的81.7%；年平均含沙量0.11千克/米^3，侵蚀模数92.4 吨/千米^2，是西江水系四大支流中含沙量最少的支流。

图6-11 柳江

（4）桂江

桂江（图6-12）上游大榕江发源于猫儿山，向南流入榕江镇纳灵渠称漓江，后流经桂林至平乐县纳荔浦河称桂江，再经昭平县、苍梧县至梧州市汇合于浔江，全长426千米，流域面积1.93万平方千米，是广西境内珠江水系第三大支流。

下游多年平均流量175亿立方米，径流深1020.7毫米；汛期为每年3～8月，径流量145.2亿立方米，占年径流量的83%；年平均含沙量0.13千克/米^3，侵蚀模数129吨/千米^2。中游多年平均径流量42.4亿立方米，径流深1481.8毫米，产水量丰富，但洪枯流量相差悬殊，年最大洪峰流量比最小流量大200～300倍，最大达848.5倍。枯水流量小，实测枯水流量仅3.8米^3/秒，达不到通航要求。

图6-12 秀美桂江

（5）贺江

贺江（图6-13）上游富阳江发源于广西富川县麦岭乡的茗山，向南流经富川、钟山两县，至贺州市贺街与大宁河汇合称贺江，中游段称临江，后经广东省封开县江口镇注入西江。干流长352千米，流域面积1.15万平方千米，其中在广西境内长320千米，流域面积9053平方千米。在干流上先后建成龟石、合面狮大型水库及中型电站。

贺江多年平均径流量64.4亿立方米，径流深1015.5毫米；汛期为每年3～8月，径流量49.4亿立方米，占年径流量的76.7%；年平均含沙量0.24千克/米^3，侵蚀模数234吨/千米^2。

图6-13 诗情贺江

2. 长江水系

长江水系分布于桂东北，在广西流域面积为8283平方千米，占广西土地总面积的3.5%。流域面积在50平方千米以上的河流有30条，占广西河流总数的3.0%，年平均径流量93.1亿立方米，占广西总径流量的5.0%，径流深1124毫米，汛期为每年3～8月。主要河流有湘江和资江，流经湖南注入洞庭湖。

湘江年平均径流量61.3亿立方米，径流深1051.5毫米；汛期为每年3～8月，径流量最大达80亿立方米，占年径流量的80%；年平均含沙量0.10千克/米³，年输沙量61.6万吨，侵蚀模数106吨/千米²。

资江（图6-14）流域位于桂东北越城岭西侧，为洞庭湖水系第三大河流。资江发源于广西资源县越城岭桐木江，向东北流经资源县梅溪乡附近进入湖南省新宁县，后在湖南益阳市汇入洞庭湖。在广西境内长83千米，流域面积1404平方千米。资江年平均径流量7.84亿立方米，径流深1502.1毫米；汛期为每年3～8月，径流量为6.07亿立方米，占年径流量的77.4%，是广西汛期来得最早、径流深度最大的河流之一。资江自然落差545米，可开发水能量5.94万千瓦，年发电达2.2亿千瓦时。

图6-14 资江

3. 独立入海水系

独立入海水系指注入北部湾或南海的河流，分布在钦州地区和玉林地区。独立入海水系总流域面积2.31万平方千米，占广西土地总面积的

9.7%，年径流深1086 毫米，年径流量236.6亿立方米，占广西径流总量的12.6%。流域面积50 平方千米以上的河流有123条，主要有南流江、钦江、防城河、北仑河、大风江、茅岭江、九洲江和洪湖江。

（1）南流江

南流江源于北流市大容山南侧，向南流经玉林等地，于合浦县注入廉州湾，河长287千米，流域面积8635平方千米，是广西独流入海第一大河。

南流江年平均径流量56.1亿立方米，径流深851.4 毫米；汛期为每年4～9月，径流量45.3亿立方米，占年径流量的80.7%；年平均含沙量0.22千克/米³，年输沙量115万吨，侵蚀模数174吨/千米²。

（2）钦江

钦江发源于灵山县东北部罗阳山，沿钦州断裂带自北东流向南西经灵山、钦州两地注入茅尾海。河长179 千米，流域面积7457 平方千米，年径流量12.3亿立方米，径流深872.5 毫米；汛期为每年4～9月，径流量10.2亿立方米，占年径流量的82.9%；年平均含沙量0.25 千克/米³，侵蚀模数199吨/千米²。

4. 百都河水系

百都河水系分布于百色地区那坡县境内，属越南红河水系支流松甘河上源，在广西流域面积1454平方千米，占广西土地总面积的0.6%，年径流深797.8 毫米，汛期月径流量11.6亿立方米，占广西径流总量的0.6%。

5. 运河

（1）灵渠

灵渠位于兴安县城郊，原名零渠，因凿于秦代（公元前219年至公元前214年），又名秦凿渠，是我国闻名于世的最古老的运河之一。这条古老的运河沟通了湘江、漓江，连接了长江、珠江两大水系，在2000

多年的漫长历史中，成为我国南北交往的重要通道。在工程建筑史上，它以设计巧妙、工程精湛著称于世，与四川都江堰、陕西郑国渠齐名。它是由大小天平坝、铧嘴、秦堤、泄水天平、陡门、南渠、北渠等组成的巧妙的系统工程。灵渠之水，可分注东海和南海，确属罕见。

灵渠全长34千米，有36陡、72湾、53坝和24涵。其渠道"浅""狭""曲""急"，对行船不利。唐代李渤在浅狭、湍急的地方建了一个个呈对称的半圆石墩，辅以竹木堵水，称为"陡门"，用来集中比降，提高水位，以便"蓄水通舟"。"陡门"是世界上最古老的船闸。

灵渠在湘桂铁路及公路未修建前2000多年的历史中，主要功能是航运，是中原进入岭南的重要通道，在维护国家统一的过程中曾做出过杰出的贡献。如今政府对其主体工程——大小天平坝、南北渠进行防渗、加固、清淤处理。灵渠沿岸灌区风光秀丽，景色宜人，还建有游览桥11座、风景亭9个，另有荷花池、九曲桥。秦堤上群树叠翠，百花争艳，堤侧的"三将军墓""四贤祠"均是旅游观光的好地方。

（2）相思埭

相思埭旧称桂柳运河，位于临桂区会仙乡陡门村一带。开凿于唐朝长寿元年（692年），与灵渠同为广西古代的两大运河。人工开凿长15千米，东连良丰江通漓江，主体工程在临桂区；西部流经永福县罗锦乡铜鼓街，至苏桥入洛清江；南至柳州入柳江，沟通桂江和柳江水系。

（3）湖海运河

湖海运河分布于北海合浦县。运河从东北向西南流经合浦常乐、石东、福成、环成4个乡，最后流经北海市南岭注入北海港。兴建于1959～1960年，全长62千米，宽28米，运河水源取自六湖水库，正常水深2.5米，最大输水量56米³/秒。

（二）温泉

　　广西共有52处温泉，温泉出露主要集中分布于广西11个地级市22个县中（图6-15）。从行政分布规律看，贺州市共计11处，占总数的21.15%；贵港及玉林市共12处，占总数的23.08%；桂林市9处，占总数的17.31%；北海市、防城港市、柳州市各4处，南宁市3处，河池市2处，崇左市、钦州市、百色市各1处，合占统计量的38.46%。从地理位置分布规律看，绝大部分温泉分布于桂东北和桂东南地区，占统计量的88.24%，少量零星分布于桂西北和桂西南，占统计量的11.76%。温泉出露的分区、分带性与区域性深大断裂、活动性断裂、岩浆侵入体分布密

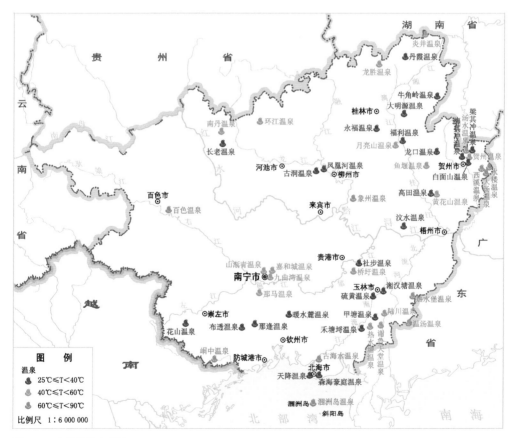

图6-15　广西温泉分布图

切相关。

1. 温泉的分布规律

①温泉主要沿区域性深大断裂、活动性断裂分布。区域性深大断裂、活动性断裂多属基底断裂，深切硅镁层，是沟通地下深部热源的通道，是温泉出露的重要条件。在区域性线状展布的深大断裂、活动性断裂的交会复合部位、断裂转折端、锁固端、断裂近侧的次级构造密集发育部位及其断裂之间的断块中，常是温泉出露的最佳位置。广西52处温泉中，分布于北东向断裂构造带的共有27处，占统计量的51.92%；分布于北西向构造带和南北向构造带的各为5处，两者之和占统计量的19.23%；东西向断裂构造带内目前未发现温泉出露。

②温泉出露与岩浆岩体关系密切。广西52处温泉中，有16处分布于岩浆岩体中，占总统计量的30.77%。一般在多期复式岩体、岩体与岩体接触带、岩体与围岩接触带及岩体中发育的断裂破碎带或后期发育的硅化带、各种岩脉、岩墙等地段出露。按其出露所在的岩体形成时代又可分为燕山期岩体、加里东期岩体和火山凝灰岩。其中，燕山期岩体中有9处温泉分布，占统计量的56.25%；加里东期岩体中有6处，火山凝灰岩出露1处，两者占统计量的43.75%。加里东期岩体和火山凝灰岩中的温泉主要与燕山期的岩浆活动有关。

③沉积岩地区的温泉主要出露于碎屑岩区。广西52处温泉中有21处分布于沉积岩地层，占总统计量的40.38%。其中碎屑岩地区共出露15处，占统计量的71.43%，石灰岩分布的喀斯特地貌区出露6处，占统计量的28.57%。石灰岩地区出露的温泉，其隔热保温层为碎屑岩夹层或盖层。此外，分布于沉积岩地层的温泉中，有10处温泉附近出露有侵入岩体，表明了温泉的形成与岩浆活动有密切的关系。

2. 温泉的出露特征

广西处于云贵高原向沿海盆地过渡的斜坡地带，地势北部、西部高、南东低，温泉出露地貌差异较大。其中北部温泉多出露于中低山深切割地形中的"V"形沟谷中，而南部隐伏型层状热储地热田主要分布于中生成、新生代红层盆地内，其他温泉则主要分布于丘陵地貌及河流阶地地带。这些地带往往是区域性断裂形成的断层谷或断裂交会、复合地段，是地热流体向上运移、赋存或出露的有利地段。

广西温泉具有一定的承压性，均以上升泉（泉群）或自流热水钻孔形式溢出地表。其中，天然自流的温泉有34处，自流热水钻孔的有5处，地热井有2处。绝大部分温泉露头高于当地河流，其中5处自流热水钻孔水头均高出当地地面1.3米以上，2处地热井水位与当地河流水位基本持平。温泉具有翻砂、冒气泡等现象。一些高温泉口多见堆积泉华，热水伴有浓烈的硫黄气味。

广西温泉、地热井流量最大的为贵港市平南县的汶水温泉，达36.11升/秒，其次为防城港市上思县布透温泉，钻孔流量为35.01升/秒。据52处温泉、地热井统计，流量小于1.0升/秒的温泉有13处，占统计量的25.00%；流量为1～5升/秒的温泉有16处，占统计量的30.77%；流量大于5升/秒的温泉有23处，占统计量的44.23%。

3. 广西温泉的成因和类型

温泉类型的划分和温泉理化性质的研究，对认识温泉、开发温泉有着重要的意义，是地热资源研究的重要内容和主要研究任务之一，也是温泉资源评价的重要依据。一般依据温泉的成因、地理位置、理化性质、理疗保健功能等将温泉划分为不同的类型（表6-2），不同的类型其用途和开发利用的方向与方式也不同。

地热资源成因类型的划分主要考虑热源、热传递方式、水补给途径、热储层结构等因素，主要分为两种类型：隆起山地对流型和沉积盆地传导型。

隆起山地对流型地热依靠水深循环对流增热形成，其水源为大气降水，补给途径为岩层断裂与裂隙。地下水通过深循环得到大地热流加热，与近代火山活动和近期岩浆热源无关，分布于板块内部的地壳隆起山地区。隆起山地对流型地热资源又可细分为板缘火山型、板缘非火山型和板内深循环型三大类。

沉积盆地传导型地热靠地层正常增温传导，水源主要为大气降水，或伴有古沉积封存水。地下热水多以潜藏形式蕴藏于板块内地壳沉降区的断陷或凹陷盆地内，多赋存于松散沉积岩石的孔隙或裂隙之中，呈较连续稳定的层状分布。多为承压水，部分地区能自流，如南宁盆地、合浦盆地、桥圩盆地等的隐伏地热水。沉积盆地传导型地热资源又可细分为断陷盆地型和凹陷盆地型两种类型。

根据中国地热资源的分类方法，广西温泉可以分为隆起山地对流板缘非火山型、隆起山地对流板内深循环型和沉积盆地传导型，其中沉积盆地传导型热储主要为孔隙裂隙层状碎屑岩或碳酸盐岩。

表 6-2 中国地热资源的基本类型一览表

地热资源类型	隆起山地对流型			沉积盆地传导型		
	板缘火山型	板缘非火山型	板内深循环型	断陷盆地型	凹陷盆地型	
地质构造背景	板块边缘第四纪火山区，构造活动异常剧烈	板块碰撞边缘，构造活动异常强烈	板内规模不一的活动断裂	板内裂谷型盆地，不均一的断裂活动明显	板内造山形盆地，盆地稳定下沉	板内克拉通型盆地，无明显的构造变动
热背景值(兆瓦/米²)	100~120	85~100	40~75	5~75	40~50	50
地表热显示	强烈多样	强烈多样	温泉、热水沼泽	无	无	无，弱（四川盆地）
盖层 岩性	安山岩、沉积岩	沉积岩、变质岩	绝大多数无盖层，少数为薄的第四系堆积物	新生界碎屑沉积岩	新生界碎屑沉积岩	中生界碎屑沉积岩
盖层 地温梯度	异常高	异常高	高	每100米3~4℃，局部地区为每100米4~6℃	每100米2~3.3℃	每100米2~2.5℃

续表

地热资源类型		隆起山地对流型			沉积盆地传导型		
		板缘火山型	板缘非火山型	板内深循环型	断陷盆地型	凹陷盆地型	
热储	岩性	安山岩、沉积岩	沉积岩、变质岩、花岗岩、火山岩	花岗岩为主，火山岩、变质岩和沉积岩次之	砂岩、石灰岩	砂岩	中生界沉积岩
	温度（℃）	150～300	150～250	40～150	70～100（2000米）	50～65（2000米）	50～70（2000米）
热源		上地壳内炽热火山岩浆囊	浅成侵入或壳内局部熔融活动	地下水深循环对流传热	正常增温传导加热，局部水热对流	正常增温	正常增温
水源		大气降水、少许岩浆水	大气降水、少许岩浆水	大气降水、近海岸地带海水	大气降水、古沉积水	大气降水、古沉积水	大气降水、古沉积水
热水矿化度		7～12克/升	一般为1～2克/升，部分小于1克/升	一般小于1克/升，近海岸地带3～10克/升	上第三系，基岩热储1～10克/升	10～20克/升	2～50克/升，部分大于100克/升
载热介质		高温热水、蒸汽	高温热水、蒸汽	中低温热水，绝大多数为低温热水	低温热水为主	低温热水	低温热水
地热田规模		大，一般大于10平方千米	较大，一般小于10平方千米	小，一般小于1平方千米	层控热储，局部热异常，一般十到数百平方千米		

续表

地热资源类型	隆起山地对流型			沉积盆地传导型			
	板缘火山型	板缘非火山型	板内深循环型	断陷盆地型	凹陷盆地型		
地热利用方向		发电利用为主	发电利用为主	非发电直接综合利用	非发电直接综合利用	低温咸热水一般无实际意义	低温咸热水一般无实际意义。四川盆地卤水提取化工原料
广西境内代表性地区和地热田			南乡温泉、峒中温泉等地热田	龙胜温泉、象州温泉等地热田	南宁、合浦、桥圩等6大盆地地热田		

　　广西温泉资源随着改革开放形势的发展，以及开发理论和技术水平的提高，开发模式从科学技术含量较低、模式单一（洗浴），向高技术含量、多样化转变（表6-3）。温泉资源产品形式多样化，资源量扩大化（浅部自流温泉、深部温泉），温泉资源开发利用与保护管理法制化、常态化、网络化、现代化、人性化，使经济效益、环境效益和社会效益持续增长，对促进广西物质文明和精神文明建设、山区农民脱贫致富奔小康、振兴地方经济有重要作用。

表6-3　广西主要温泉开发模式及建议

温泉名称	水温（℃）	流量（米³/天）	成因类型	矿水名称	开发现状	开发模式	建议
南宁市九曲湾温泉	53.5	740.00	沉积盆地传导型	氟水	已建九曲湾温泉旅游度假村。理疗保健、健身娱乐、沐浴、餐饮、住宿	温泉+人造景观开发模式	开展地热回灌和科学研究，完善动态监测

续表

温泉名称	水温（℃）	流量（米³/天）	成因类型	矿水名称	开发现状	开发模式	建议
南宁市嘉和城温泉	50.0	1000.00	沉积盆地传导型	氟水	已建嘉和城温泉谷。理疗保健、健身娱乐、沐浴、餐饮	温泉＋农业观光区开发模式	开展地热回灌、洗井和科学研究，完善动态监测
象州县象州温泉	55.3	360.00	隆起山地对流型	硅水	已建象州温泉旅游度假景区。理疗保健、健身娱乐、沐浴、餐饮、住宿	温泉＋自然景观开发模式	严禁超采，梯级开发，完善动态监测
陆川县陆川温泉	49.8	1400.00	隆起山地对流型	硅水	已建陆川温泉疗养院和陆川九龙温泉山庄。理疗保健、健身娱乐、沐浴、住宿	温泉＋自然景观开发模式	严禁超采，开展动态监测和地热资源勘查评价
龙胜县龙胜温泉	55.3	390.00	隆起山地对流型	淡水	已建龙胜温泉国家森林公园。健身娱乐、会议、餐饮、住宿	温泉＋国家森林公园开发模式	开展动态监测
容县黎村温泉	69.7	57.12	隆起山地对流型	硫化氢水	已建黎村温泉度假景区。理疗保健、餐饮、住宿	温泉＋自然景观开发模式	建设温泉理疗医院，开展动态监测
东兴市峒中温泉	75.0	27.60	隆起山地对流型	硫化氢水	已建峒中温泉疗养院。沐浴、住宿	温泉＋自然景观开发模式	扩大疗养院规模，提高软硬件档次。把峒中16号孔、富门16号孔等温泉资源整合起来

续表

温泉名称	水温（℃）	流量（米³/天）	成因类型	矿水名称	开发现状	开发模式	建议
宁明县花山温泉	34.5～46.0	508.80	隆起山地对流型		已建宁明花山温泉国际度假村。沐浴、健身娱乐、旅游、餐饮、住宿	温泉+自然景观+文化历史遗产开发模式	建立动态监测系统
陆川县谢鲁山庄温泉	42.6	48.10	隆起山地对流型	淡水	已建谢鲁天堂温泉度假中心。健身娱乐、旅游、餐饮、住宿	温泉+自然景观+文化历史遗产开发模式	沐浴尾水和生活废水处理达标排放
贺州市贺州温泉	51.0	345.60	隆起山地对流型	氟水、硅水	已建贺州温泉景区。沐浴、健身娱乐、旅游、餐饮、住宿	温泉+自然景观开发模式	建立动态观测系统，保持自流引水开采
平乐县仙家温泉	41.5	1768.80	隆起山地对流型	淡水	已建仙家温泉旅游度假景区。沐浴、健身娱乐、旅游度假、餐饮、住宿	温泉+自然景观+人造景观开发模式	严禁超量开采，加强动态观测
全州县炎井温泉	42.0	558.00	隆起山地对流型	淡水	已建炎井温泉旅游风景区。沐浴、旅游、健身娱乐、住宿	温泉+自然景观开发模式	梯级开发养殖，加强动态观测
南丹县南丹温泉	44.8（1号孔）、53.0（818号孔）	77.76	隆起山地对流型	氟水、硼水、钡水	已建南丹温泉公园。理疗保健、健身娱乐、沐浴、餐饮、住宿	温泉+自然景观开发模式	严禁超采，尾水处理达标排放

续表

温泉名称	水温（℃）	流量（米³/天）	成因类型	矿水名称	开发现状	开发模式	建议
永福县永福温泉	49.8	109.68	隆起山地对流型	淡水	已建金钟山旅游度假景区。理疗保健、健身娱乐、沐浴、餐饮、住宿	温泉＋自然景观开发模式	梯级开发养殖、开展动态观测
北流市温汤温泉	52.3	405.20	隆起山地对流型	氟水、硅水	已建温汤温泉度假区和饮用天然矿泉水厂。沐浴、灌溉。	温泉＋自然景观开发模式	建立适度规模的温泉理疗医院
博白县热水塘温泉	56.0	57.60	隆起山地对流型	硅水	洗浴、养殖	温泉＋自然景观开发模式	发展旅游，开发健身娱乐项目
资源县丹霞温泉	38.0	906.96	隆起山地对流型	氟水	已建丹霞温泉度假景区。沐浴、健身娱乐、生态旅游、科普教育、住宿、餐饮于一体	温泉＋国家地质公园＋自然景观开发模式	完善动态监测，尾水和污水达标排放
昭平县黄花山温泉	52.0	160.08	隆起山地对流型	淡水	已建昭平县黄花山饮用天然矿泉水厂。洗浴	温泉＋自然景观开发模式	开展温泉旅游度假服务

（三）海洋资源

广西南临北部湾，是我国唯一临海的少数民族自治区。广西海岸线位于我国海岸的西南端，东与广东的英罗港接壤，西至中越边界的北仑河口，海岸线长1595千米。面积在500平方米以上的岛屿有651个，岛屿总面积66.9平方千米，岛屿岸线总长约460千米，其中较大的岛屿有涠洲岛（面积24.74平方千米）、斜阳岛（面积1.85平方千米）。0～20米等深线浅海面积6488平方千米。滩涂面积1005平方千米，可用于海水养殖、旅游业、盐业生产等，开发利用潜力大。

广西沿海背靠大西南，面向东南亚，是连接华南、西南经济区的接合部和接受珠江三角洲、港澳台地区经济辐射的重要地区。随着"一带一路"倡议的实施，广西沿海作为我国大西南地区最便捷的快港口建设，现有大小商港、渔港23个，其中防城港、北海港、钦州港是对外开放的三大港口，铁山港（图6-16）是正在开发的大港口。2005年底，广西沿海共有码头、泊位90多个，其中万吨级以上的深水泊位20个，1000～5000吨级泊位10余个，500吨级及以下泊位60多个。沿海港口2005年完成货物吞吐量1813万吨，其中防城港完成1003万吨，北海港完成252万吨，钦州港完成181万吨。

图6-16　北海铁山港码头

北部湾属高生物量海域，是我国著名渔场之一。有鱼类500多种，虾类200多种，头足类50多种，蟹类20多种，此外还有种类繁多的贝类和其他海产动物及藻类等。广西沿海是北部湾的重要渔区，其浅海面积广阔，水质优良，海洋生物资源丰富。以大风江口为界，靠东浅海底质平坦，除了涠洲岛与北海间有分散岩礁外，其余大部分为沙质和沙泥质海底；以西多属泥质和沙泥质。良好的底质条件加上适宜的水温和入海河流携带的大量有机物及营养盐类，为浮游生物的繁殖提供了充足的养料，这些浮游生物是鱼虾的主要饵料。广西浅海有主要经济鱼类50多种，资源量约6900吨；主要经济虾类10多种，资源量约8000吨；主要经济贝类有珍珠贝、日月贝、牡蛎、文蛤、毛蚶、泥蚶、栉江珧等，资源量约38000吨；主要经济蟹类有青蟹、梭子蟹等；主要藻类有江蓠、马尾藻等。沿海珍珠以马氏珍珠为主，著名的南珠分布在北海营盘海域及防城珍珠港、钦州三娘湾一带。涠洲岛、斜阳岛附近海域产鲍鱼。

广西沿海各地共有海洋捕捞渔船11427艘，总功率为47.78万千瓦，从事海洋捕捞的劳动力约3.8万人，年海洋捕捞总产值约36亿元。广西海水养殖发展较快，规模较大。养殖方式分为围垦池塘养殖、非围垦滩涂养殖和网箱养殖3种。养殖品种主要有文蛤、近江牡蛎、珍珠、对虾、青蟹、泥蚶、鲈鱼、石斑鱼等十余种。2005年海水养殖面积600平方千米，养殖产量达74.67万吨，广西海水养殖总产值约16亿元。

广西沿海矿产资源丰富，以建材为主的矿产资源和钛铁矿居多，已探明的矿产有20多种，其中石英砂、钛铁矿、石膏、陶瓷黏土占优势地位，储量大，开发前景良好。广西沿海有北部湾盆地、合浦盆地2个含油盆地。北部湾盆地是我国沿海六大油气盆地之一，含油面积3.5万平方千米。含油盆地位于涠洲岛西南海区，距涠洲岛30～60海里，已圈定储油构造22个，潜在石油资源为23亿吨。

广西海洋自然保护区的建设工作富有成效。现有山口国家红树林生态自然保护区、合浦营盘港-英罗港儒艮国家级自然保护区、北仑河口国家级自然保护区（图6-17）和自治区级涠洲岛鸟类自然保护区等。

润洲岛珊瑚礁是广西唯一的珊瑚礁资源，也是北部湾沿岸珊瑚生长的北界，有21属45种珊瑚，资源宝贵，广西海洋功能区划已将之划为自然保护区域。

图6-17　北仑河口国家级自然保护区

广西滨海旅游业发展迅猛，沿海城市的旅游配套基础设施建设日趋完善。主要的滨海旅游景点：国家AAAA级北海银滩旅游度假区，北海海底世界，润洲岛、斜阳岛旅游区，山口红树林生态旅游区，"七十二泾"风景旅游区，麻蓝岛海洋生态旅游度假区，金滩京族风情旅游度假区，江山半岛旅游度假区，合浦南国星岛湖旅游度假区，廉州城历史文化古迹旅游区，等等。

三、土地资源

广西壮族自治区辖14个地级市，111个县级行政区，土地总面积为23.76万平方千米，占全国总面积的2.47%。2016年广西常住人口为4838万人，人均占有土地面积0.0049平方千米，低于全国人均占有土地

0.0074平方千米的水平。人多地少，是广西土地资源的显著特点。

广西土地类型齐全（表6-4）。广西地貌周高中低，四周多被山地、高原环绕，中间山地、丘陵、台地、平原交错，南部临海。山地、丘陵、台地、平原、石山、水域等土地类型俱全。其中，山地、丘陵和石山面积共占69.7%，岩溶石山面积之大，全国少见。

表6-4　广西土地类型及规模表

土地类型	面积（万平方千米）	占广西总面积的比例（%）
山地（海拔400米以上）	9.43	39.7
丘陵（海拔200～400米）	2.45	10.3
台地（海拔200米以下）	1.50	6.3
平原（海拔200米以下）	4.89	20.6
石山	4.68	19.7
水域	0.80	3.4

广西土地资源分布不均衡，桂东南与桂西北区域差异大。桂西北山地多，山体高大，坡陡土薄，其间又广泛分布岩溶地貌，地面崎岖，交通不便，土少石多，易旱易涝，土地适宜性差、生产率低，综合利用率不到70%；桂东南多为低山丘陵和盆地、平原，水利条件好，土地肥沃，交通方便，耕作精细，土地生产率高，土地综合利用率达90%以上。

（一）土地开发历史

广西土地开发历史悠久，一万年前的新石器时代即已开始了农耕。先秦时期，广西森林覆盖率达91%。到汉代，果园开发已相对兴盛，以后人口逐年增加，大片森林被垦为耕地。到20世纪30年代，耕地面积已占到土地总面积的8.64%，森林覆盖率则降到23.3%。中华人民共和国成立以后，广西的耕地经历了扩大、缩减、恢复、再缩减的过程。1985年以后，强化了耕地管理，制定了耕地保护政策，虽然城镇扩大，工业、交通发展及产业结构调整占用了大量耕地，但仍然保持耕地面积的动态平衡。广西的林地则在20世纪80年代以后持续增加，到2005年达1161万公顷，森林覆盖率达48.9%。

根据国民经济发展的需要以及"一带一路"倡议对建设良好生态环境的要求，广西各类用地面积在不断调整和优化配置，土地利用方式正在从外延粗放型向内涵集约型转变。

（二）土地利用现状

广西土地利用的现状是林地面积大，耕地面积小。

1. 农用地

广西农用地面积为1789.15万公顷，占广西土地总面积的75.31%。其中，耕地面积为424.71万公顷，占广西土地总面积的17.88%；园地面积为50.88万公顷；林地面积为1161.47万公顷；牧草地面积为72.77万公顷；其他农用地面积为79.32万公顷。

2. 建设用地

广西建设用地面积为90.97万公顷，占广西土地总面积的3.83%。其中，居民点及工矿用地面积为67.87万公顷；交通用地面积为8.22万公顷；水利设施用地面积为14.88万公顷。

3. 未利用地

广西未利用地面积为495.47万公顷，占广西土地总面积的20.86%。其中，裸岩石砾地面积为229.82万公顷；荒草地面积为216.67万公顷；盐碱地、沼泽地、沙地、裸土地及其他未利用地面积为5.36万公顷；河流水面、湖泊水面、苇地、滩涂等其他土地面积为43.62万公顷。

（三）土壤

土壤是指地面上能够生长植物的疏松表层，是土地资源重要的组成要素。由于气候、地形和人为作用的影响，形成了广西土壤类型的多样性及相应的分布规律。根据对1631.00万公顷土壤进行第二次普查的结果，将在同一生物条件下，具有独自的成土过程和共同特征及属性的一类土壤归为一个土类，广西土壤共分为18个土类34个亚类（表6-5）。

表6-5　广西土壤分类及面积

序号	名称	面积（万公顷）	占土壤总面积的百分比	分布区域	备注
1	砖红壤	24.98	1.53%	分布于北海、合浦、钦州、防城港的南部	适宜种植热带作物，是广西最宝贵的土地资源
2	赤红壤	485.11	29.74%	分布于海拔350米以下的平原、丘陵、台地	适宜种植南亚热带作物及部分热带作物，是广西主要的土地资源
3	红壤	564.24	34.59%	分布于北回归线以北的中亚热带丘陵、谷地，桂林、柳州、河池、梧州、百色的北部	适宜种植多种林木、果树和农作物
4	黄壤	125.51	7.70%	广泛分布在桂西北、桂东北、桂中的山地	广西最重要的林业土地资源

续表

序号	名称	面积（万公顷）	占土壤总面积的百分比	分布区域	备注
5	黄棕壤	8.08	0.50%	中亚热带土壤垂直带谱的基本组成部分之一	除种植杉木、毛竹外，以保护常绿或落叶阔叶树种为主，可建设水源涵养林和自然保护区
6	紫色土	88.48	5.42%	分布于梧州、南宁、桂林、玉林的低丘陵缓坡紫色岩区	适宜种植果、茶、桑、蔗
7	石灰岩土	81.86	5.02%	分布于桂北、桂西、桂西南、桂中的喀斯特地区，河池、百色、南宁的分布面积较大	这类土壤土层薄，保水能力差，宜封山育林，合理耕作、放牧，恢复植被
8	火山灰土	0.33	0.02%	广西仅有零星分布	
9	粗骨土	45.93	2.82%	主要分布在柳州、南宁、河池等地的岩溶地区	土壤肥力很差，已在沟谷开垦的农用地一般产量都不高
10	红黏土	0.15	0.01%	主要分布在较低的溶蚀夷平面及岩溶洼地、谷地	
11	新积土	12.57	0.77%	分布在红水河、黔江、浔江、西江等河段两岸	

续表

序号	名称	面积（万公顷）	占土壤总面积的百分比	分布区域	备注
12	黑泥土	0.21	0.01%	广西仅有零星分布	
13	山地草甸土	1.03	0.06%	分布在各中、低山地的黄壤与灰化黄壤的垂直过渡带之间	自然肥力高,有农牧利用价值
14	潮土	7.14	0.44%	分布于河流阶地和河谷地带,贵港、玉林、北海等地分布较广	适种性广，宜于耕作，但要注意防洪排涝
15	沼泽土	2.14	0.13%	分布于滨海地带红树林区	为红树林沼泽土
16	滨海盐土	17.60	1.08%	分布于沿海地区	由海浪、沿岸水流和河流冲积形成的沙质土壤
17	酸性硫酸盐土	0.92	0.06%	分布在长有红树林的滨海潮滩	养分含量高，其指标植物红树林生长良好，可起挡浪护堤的作用，并有利于水产业发展
18	水稻土	164.72	10.10%	遍布广西各地,主要分布在江河冲积阶地、平原和三角洲及盆地、山间谷地、滨海滩地等	适宜种植水稻,水稻在广西粮食作物中排第一位，故水稻土在广西农业生产中占有极其重要的地位
	合计	1631.00	100.00%		

四、生物资源

广西地处亚热带中南部，南临北部湾，自北至南分布着3个植被带：中亚热带常绿阔叶林带、南亚热带常绿季雨林带、北热带季节性林带。气候温和湿润，为生物的繁衍生息提供了良好的生态环境。广西地域辽阔，各地海拔不同，气温和降水有差异，土壤类型多样。在这些地带性和非地带性因素影响下，广西生物生长迅速，种类多，数量大，是我国生物资源最丰富的省份之一。

广西植被以热带和热带−亚热带植被为主，特有树种较多，在分布上存在南北之间和东西之间的差异。植被的次生性质是广西植被的主要特征，大部分地方已不存在原生植被。次生植被主要有灌草丛、灌丛、藤刺灌丛、落叶阔叶林、常绿落叶阔叶混交林等。

（一）国家一级重点保护野生植物

广西有国家一级重点保护野生植物37种，代表性的有18种，突出的有10种，分别介绍如下。

1. 银杉

银杉（图6-18）为裸子植物，松科，是一种高十米至二十几米的常绿乔木。银杉为中国特产的稀有树种，生于海拔940～1870米的局部山区，如阔叶林中和山脊地带等。分布于广西北部龙胜县花坪自然保护区和东部金秀县大瑶山，以及湖南东南部资兴市及西南部城步县沙角洞等地。银杉被称为"活化石"，是一种具有重大科学研究价值的珍贵树种。

2. 元宝山冷杉

元宝山冷杉（图6-19）为常绿乔木。树皮呈不规则块状开裂，小枝无毛，具树脂。分布于中亚热带中山上部，生于以落叶阔叶树为主的针阔叶混交林中。元宝山冷杉是首次在广西境内发现的冷杉属植物之一，仅产于融水县元宝山。

3. 资源冷杉

资源冷杉（图6-20）为松科冷杉属，系中国南岭山地新发现的冷杉树种。最早发现于湖南省炎陵县桃源洞国家森林公园，旧称大院冷杉。资源冷杉为常绿乔木，高20～25米，胸径40～90厘米；树皮灰白色，片状开裂；叶片前端有凹缺，树脂道边生；球果直立，椭圆状圆柱形，成熟时呈暗绿褐色。分布于广西东北部资源县银竹老山、湖南省炎陵县桃源洞国家森林公园等地，生于海拔1500～1850米的针阔叶混交林中。

4. 红豆杉

红豆杉（图6-21），又名紫杉，是一种红豆杉属的植物。红豆杉属于浅根植物，其主根不明显，侧根发达。红豆杉是是世界上公认的濒临灭绝的天然珍稀抗癌植物，是经过了第四纪冰川遗留下来的古老树种，在地球上已有250万年的历史。由于在自然条件下红豆杉生长速度缓慢，再生能力差，所以很长时间以来，世界范围内还没有形成大规模的红豆杉原料林基地。1994年红豆杉被我国定为一级珍稀濒危保护植物，同时被全世界42个有红豆杉的国家称为"国宝"，联合国也明令禁止采伐，是名副其实的"植物大熊猫"。

红豆杉具有喜阴、耐旱、抗寒的特点，要求土壤pH值在5.5～7.0之间。性耐阴，密林下亦能生长。多年生，不成林。分布在广西灵川县青狮潭水源林保护区及贵州铜仁市梵净山和佛顶山地区等地。

5. 狭叶坡垒

狭叶坡垒（图6-22）为龙脑香科，濒危种，常绿乔木。高25米，胸径75厘米。仅分布于广西十万大山海拔470～700米的山谷、沟边和山坡

下部的季节性雨林中。喜湿润肥沃的酸性土，耐阴偏阳性。狭叶坡垒在
十万大山国家森林公园与防城区扶隆乡之间分布相对集中，其他分布点
分散，而且数量很少。

图6-18　银杉

图6-20　资源冷杉

图6-19　元宝山冷杉

图6-21　红豆杉

图6-22　狭叶坡垒

6. 膝柄木

膝柄木（图6-23）是卫矛科膝柄木属半常绿乔木，该属植物仅5
种，分布在亚洲南部及东南部等热带地区。该种为广西特有，是膝柄
木属分布最北的种类，对研究我国的热带植物区系有重要意义。1990年，
在今防城区江平镇巫头村附近的疏林中发现膝柄木的踪迹，仅有16株，
高4.5～9.2米，胸径16.0～41.0厘米。

7. 望天树

望天树（图6-24）为龙脑香科，大乔木，别名擎天树。高40～60米，胸径60～150厘米。望天树是只有在中国西南部才生长的特产珍稀树种，主要分布在广西巴马、都安、田阳、龙州等县的局部地区及云南的西双版纳等地。

8. 单性木兰

单性木兰（图6-25）为木兰科，常绿乔木。高达18米，树皮呈灰色。分布于广西、贵州，生于海拔300～500米处的石灰岩山地林中。在广西环江木论喀斯特林区木论村板南屯后山海拔500～550米处发现广西目前最大的一片单性木兰林。

9. 金丝李

金丝李（图6-26）为藤黄科，濒危种，常绿乔木。树高30米，胸径150厘米以上。主要分布于广西西南部左、右江流域一带的北热带范围，向东北可延伸至桂中峰丛石山区东缘的忻城县，向北可延伸至南亚热带范围的东兰、凤山、田林、西林、巴马、都安、马山等县，不超过北纬25°；云南东南部麻栗坡一带也有分布。垂直分布多在海拔600米以下，最高可达海拔900米。

10. 金花茶

金花茶（图6-27）为山茶科山茶属。金花茶的花呈金黄色，耀眼夺目，仿佛涂着一层蜡，晶莹而油润，似有半透明之感。1960年，中国科学工作者首次在广西南宁一带发现了一种金黄色的山茶花，命名为金花茶。国外称之为"神奇的东方魔茶"，被誉为"植物界大熊猫""茶族皇后"。金花茶是一种古老的植物，极为罕见，分布极其狭窄，全世界90%的野生金花茶仅分布于中国广西防城港市十万大山的兰山支脉一带，生长于海拔700米以下，以海拔200～500米的范围较常见，垂直分布的下限为海拔20米左右。

图6-23 膝柄木

图6-24 望天树

图6-25 单性木兰

图6-26 金丝李

图6-27 金花茶

（二）国家一级重点保护野生动物

广西有国家一级重点保护野生动物26种，代表性的有13种，突出的有9种，分别介绍如下。

1. 瑶山鳄蜥

瑶山鳄蜥（图6-28）为鳄蜥科独科种，又称雷公蛇，为我国特产。1928年由广州中山大学生物考察队任国荣等人首次在金秀县发现。瑶山鳄蜥为卵胎生爬行动物，体近圆柱状略扁，头似蜥蜴，躯体、棱脊、尾部则似鳄鱼，长20～30厘米，四肢粗壮有力，体背深褐黑略带黄色，腹部蛋黄色带棕色或橙黄色，鳞片光滑。长期以来，瑶山鳄蜥被认为仅分布于广西大瑶山地区。20世纪80年代以来相继在广西东部又发现瑶山鳄蜥分布区。

图6-28　瑶山鳄蜥

2. 蟒蛇

蟒蛇为蟒科，体色黑，有云状斑纹，背面有一条黄褐斑，两侧各有一条黄色条状纹。分布于广西、海南等省（区）。据调查，广西的南宁、百色、玉林、梧州、钦州等市广泛分布，柳州市的忻城、融安，来宾市的武宣、象州、金秀，河池市的宜山、都安、巴马，贺州市，桂林市的平乐、阳朔、临桂等地均有分布。其中南宁分布最广，数量最多，百色次之。云南红河州的金平、元阳，文山州的富宁、马关、西畴等地都有分布；贵州的罗甸等地也有分布。

3. 中华秋沙鸭

中华秋沙鸭（图6-29）为鸭科，俗名鳞胁秋沙鸭，是中国特有物种。嘴形侧扁，前端尖出，与鸭科其他种类具有平扁的喙形不同。嘴和腿脚呈红色，雄鸭头部和上背呈黑色，下背、腰部和尾上覆羽呈白色，翅上有白色翼镜，头顶的长羽后伸成双冠状，胁羽上有黑色鱼鳞状斑纹。中华秋沙鸭是国家一级重点保护重点濒危野生动物，其珍稀程度被誉为"水上大熊猫"，在广西十分罕见。2014年12月6日，广西志愿者在百色澄碧湖成功拍摄到中华秋沙鸭的身影，这也是广西近几年来至少第三次拍摄到中华秋沙鸭。

图6-29　中华秋沙鸭

4. 黄腹角雉

黄腹角雉（图6-30）为雉科，别名角鸡、吐绶鸟。全长50

（雌）～65（雄）厘米。雄鸟上体栗褐色，满布具黑缘的淡黄色圆斑；头顶黑色，具黑色与栗红色羽冠；飞羽黑褐带棕黄斑；下体几乎呈纯棕黄色，因腹部羽毛呈皮黄色，故名"黄腹角雉"。黄腹角雉是中国特产的一种鸟，中国以外未见有分布。广西恭城、永福、灵川、兴安、富川、融安及贺州有分布。

图6-30　黄腹角雉

5. 白颈长尾雉

白颈长尾雉（图6-31）为雉科。体长81厘米，体形大小和雉鸡相似。雄鸟头灰褐色，颈白色，脸鲜红色，其上后缘有一显著白纹；上背、胸和两翅栗色，上背和翅上均具1条宽阔的白色带，极为醒目；下背和腰黑色而具白斑；腹白色；尾灰色而具宽阔栗斑。分布于长江以南的广西、湖南、贵州东部及广东北部等地的山林中，沿海地区分布在海拔200～500米的地区，内陆分布在海拔1000～1500米的地区。

图6-31 白颈长尾雉

6. 白头叶猴

白头叶猴（图6-32）为猴科，有两个亚种，一个是越南亚种（指名亚种），一个是中国亚种。尾长，适于树栖；体形纤细，无颊囊；体毛以黑色为主，头部高耸着一撮直立的白毛，形状如同一个尖顶的白色瓜皮小帽，因此而得名。白头叶猴平均寿命25岁，栖息地位于广西南部亚热带植被繁茂的岩溶地区，分布狭窄，数量稀少，现仅存数百只，是全球25种最濒危的灵长类动物之一，被公认为世界最稀有的猴类。中国亚种仅分布在广西左江和明江之间的一个十分狭小的三角形地带内，面积不足200平方千米。

7. 云豹

云豹（图6-33）为猫科，体长70～110厘米，尾长70～90厘米，体重16～40千克，为豹亚科最小者。身体两侧有6个云状的暗色斑纹，故名。在广西有云豹的保护区有九万山水源林保护区、布柳河水源林保护区、滑水冲水源林保护区、银殿山水源林保护区、下雷水源林保护区。

图6-32　白头叶猴　　　　　图6-33　云豹

8. 金钱豹

　　金钱豹为猫科，体态似虎，但只有虎的三分之二大，为中型食肉兽类，奔跑时速可达70千米。头圆、耳小。全身棕黄而遍布黑褐色金钱花斑，故名。金钱豹在广西主要分布于桂西北地区。

9. 儒艮

　　儒艮（图6-34）为儒艮科。儒艮嘴吻向下弯曲，其前端为一个长有短

图6-34　儒艮

密刚毛的吻盘，鼻孔位于吻端背面，桨状的鳍肢无指甲，无鼻骨；前颌骨显著扩大并急剧下弯，下颌骨联合部相应地延长并急剧下弯。主要分布在西太平洋及印度洋，喜水质良好并有丰沛水生植物的海域，定时浮出海面换气。因雌性儒艮偶有怀抱幼崽于水面哺乳之习惯，故常被误认为"美人鱼"。如今，儒艮数量已极为稀少，在广西主要发现于北部湾。

五、 旅游资源

广西旅游资源得天独厚，丰富多彩，山海兼备，有自然景观、人文景观、民俗风情等旅游资源，门类齐全，分布广泛，是我国旅游资源较丰富的省份之一，目前已有200多处景区景点对外开放。广西的旅游资源主要有以下几种。

①石山、溶洞资源。在广西，以桂林山水、大化七百弄、乐业大石围、荔浦丰鱼岩、崇左石林为代表的岩溶地貌多达8.95万平方千米，占广西土地总面积的37.92%。这种岩溶地貌经长年发育，形成了山、水、洞紧密结合，景色秀丽，造型奇特，千姿百态的岩溶景观。

②水域资源。广西境内有大小河流近千条，拥有众多的瀑布、泉水、水库湖区、风光旖旎的河岸峡谷等旅游资源，如漓江的百里风光、龙胜温泉、德天跨国瀑布、星岛湖等久负盛名的景点。广西还拥有1595千米的海岸线，北部湾畔的北海、钦州、防城港海岸带和海岛风光明媚，山水秀丽，许多海滨景点具有很高的旅游开发价值。

③动植物资源。广西境内物种繁多，其中属国家重点保护的珍稀濒危植物有98种，珍稀动物有150种；广西特有植物613种、动物18种；国家一级、二级重点保护野生动植物十几种。这些资源经过全面开发，也是重要的旅游资源。

④人文资源。广西现有国家级和自治区级重点文物保护单位279处，如兴安灵渠、凭祥友谊关、容县真武阁、恭城孔庙、桂林碑林、宁明花山崖壁画、金田起义旧址、百色红七军军部旧址等。它们与青山秀水相互辉映，吸引了大批游客前来探胜。

⑤独特的边关风情及跨国旅游资源。广西与越南接壤，国境线长637千米。随着对外开放与交流的发展，广西陆续开放了25个中越边境贸易点和边境口岸。在这些地方，游客可接触到特有的边关景色和异国风土人情。以异国情调的跨国旅游、经贸为内容的边关风情旅游，已成为广西近年发展起来的又一旅游热点。

⑥浓郁的少数民族风情资源。广西境内聚居着壮、苗、瑶、侗等11个世居少数民族，各民族都有许多独特的风土人情、生活习俗、服饰装束、民间艺术、工艺特产、烹饪饮食，喜庆节日多姿多彩，可供观赏娱情。浓郁的南国民族风情增加了广西旅游的吸引力。

以下主要介绍广西至2017年底止联合国教科文组织批复的世界级自然遗产、文化遗产、地质公园。

（一）广西桂林世界自然遗产

2014年6月23日，在卡塔尔多哈举行的第38届世界遗产大会上，经审议，广西桂林喀斯特峰林平原被成功列入中国南方喀斯特第二期《世界自然遗产名录》。

广西桂林世界自然遗产地（图6-35）以桂林南郊至阳朔漓江两岸峰林平原、峰丛峡谷等岩溶地貌为主体。该自然遗产地区位好、范围广（800多平方千米），文化底蕴深厚，岩溶类型多样。其山、水、洞、石造型俊俏奇特，在赢得"桂林山水甲天下"美誉的基础上，又赢得"世界自然遗产"桂冠。

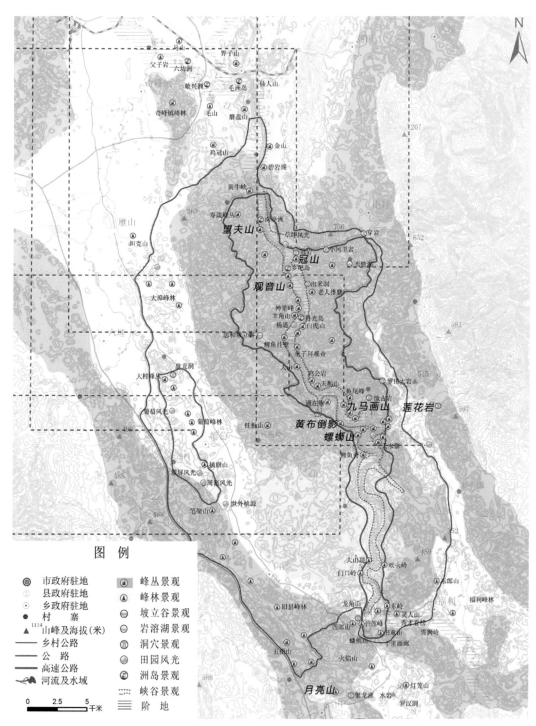

图6-35 桂林世界自然遗产地示意图（引自中国地质科学研究院岩溶地质研究所）

1. 漓江

漓江（图6-36）属于珠江水系的桂江上游河段，源自兴安、资源两县交界的华南第一峰——猫儿山上的八角田铁杉林区。诸多小溪汇成漓江三源，即龙塘河、集水河、华江河，三源汇合于漓江。上游主流称六峒河，南流至兴安县司门前附近，东纳黄柏江，西受川江，合流后称溶江；该江至溶江镇汇合灵渠水，流经灵川县、桂林市区、阳朔县至平乐县恭城河口，称漓江，全长164千米。

自桂林磨盘山至阳朔碧莲峰码头，水程约60千米，俗称"百里漓江"，是喀斯特地貌发育最典型的地段，塑造了世界上罕见的山水奇景，是桂林山水的集中表现和精华所在。漓江碧水蜿蜒，如带似练，沿岸奇峰罗列，叠翠奇秀，有山青、水秀、洞奇、石美四绝，还有洲绿、滩险、潭

图6-36　漓江

深、瀑飞之胜，被誉为"山水画廊"。雄奇瑰丽的百里漓江，令人百看不厌。历代文人墨客无不被漓江陶醉，留下了无数的诗词歌赋。

唐代诗人韩愈诗曰"江作青罗带，山如碧玉簪"是咏赞桂林山水的千古名句。之后还有清代广西巡抚张联桂的《望桂林阳朔沿江诸山放歌》、当代作家郭沫若的《春泛漓江》、翦伯赞的《桂林纪游》等。风光旖旎的漓江，受到众多古今中外名人和广大游客的赞誉。

2. 望夫山

望夫山（图6-37）位于漓江西岸的斗米滩前，距桂林城区约37千米。山顶有一石，像是身穿古装向北而望的人；山腰有一石，形如妇女身背婴儿，凝望山顶上的丈夫，故名望夫山，亦名望夫石。这一带漓江蜿蜒曲折，两岸奇峰林立，青山浮水，林森映碧，景色十分迷人。放眼四望，周围皆是奇峰。

3. 推磨山

推磨山（图6-38）与西岸的桃源村相对，距桂林城区约44千米。海拔321.5米，相对高度181.5米，长510米，宽320米，山体面积16.32万平方米。山顶有一巨石，直径约3米，扁圆如石磨，称仙磨；磨旁有一块3米多高的微斜立石，宛如人推石磨，惟妙惟肖，合称"仙人推磨"，亦称推磨山。

4. 观音山

观音山（图6-39）位于漓江东岸、鲤鱼挂壁之南，距桂林城区约48千米。海拔362米，相对高度222米，长270米，宽210米，山体面积5.67万平方米。在鲤鱼峰东望，有一孤峰，酷似合掌凝神静坐的观世音，眼、鼻、口、耳俱全；下面有一小山，如童子俯首膜拜。这组景物被称为"童子拜观音"。

图6-37 望夫山

图6-38 推磨山

图6-39 观音山

5. 画山

画山（图6-40）位于漓江东岸，距桂林城区约60千米。海拔536.3米，相对高度416.3米，长55米，山体面积27.5万平方米。画山五峰相连，东、南、北三面环山，西面削壁临水。削壁高宽各百余米，石壁青绿黄白色精彩纷呈，浓淡相间，斑驳有致，宛如一幅神骏图。图中骏马神态各异，或立或卧，或奔或跃，或饮江水，或昂首嘶鸣，部分游人能看出九匹马，故有"九马画山"之名，简称画山。

图6-40　画山

6. 兴坪

兴坪（图6-41）位于漓江东岸的兴坪镇，水路距桂林城区约63千米。漓江流经兴坪，形成"V"字形河湾，是漓江风光的荟萃之地。兴坪东有朝笏山、罗汉山、僧尼山、狮子山等，北有寿星山、骆驼山，西有笔架山、美女山，西南有螺蛳山、鲤鱼山，有"一潭、三洲、三滩、三岩、五井、十二山"之说。兴坪山水相依，景点密集，兼有奇、险、秀、美、趣的特点。历来有"桂林山水甲天下，阳朔风光甲桂林"及"阳朔风景在兴坪""兴坪别有风光好，人在丹青画里行"的说法。

图6-41　兴坪

7. 冠岩

冠岩（图6-42）位于漓江西岸，北近草坪，在距桂林城区约35千米的冠山山腹中。因该山远看像一顶紫金冠，故名冠山，其山腹之洞称冠岩；岩内常年流出清冽甘泉，故又名甘岩；还因在漆黑洞里，顶上透出微光，故又名光岩。岩内幽邃莫测，有清流自岩中流出汇入漓江；洞外观景台上有明代蔡文《冠岩》题诗："洞府深深映水开，幽花怪石白云堆。中有一脉清流出，不识源从何处来。"

图6-42　冠岩

8. 螺蛳山

螺蛳山（图6-43）位于漓江西岸，兴坪南，距桂林城区约64千米，海拔356.8米，相对高度231.8米，长320米，宽300米，山体面积9.6万平方米。因石山纹理自下螺旋而上，直至山顶，酷似一个大青螺而得名。山下有螺蛳岩，洞口开阔敞亮，洞前有香炉石，形状酷肖。洞内有3颗螺蛳石，一白如雪，一绿如玉，一黑如漆，岩内有摩崖碑文，记载岩名的由来和附近的景色。

9. 碧莲峰

碧莲峰（图6-44）位于阳朔县城东南，东临漓江，海拔297.8米，相对高度186.2米，长360米，宽260米，山体面积8.06万平方米。明朝布政使洪珠所题"碧莲峰"3个字，刻于东麓近水处。山北有一块崖壁平滑如镜，故又名鉴山。碧莲峰似一朵浴水而出、含苞欲放的碧莲花，是阳朔的象征。经地质工作者勘查得知，碧莲峰为一个晚古生代中泥盆世形成的层孔虫生物礁，它以硕大、精美的层孔虫化石的美学价值和研究古生态、古地理环境的科研价值，成为集旅游观光和地学科考于一体的好去处。

10. 葡萄峰林平原

葡萄峰林平原（图6-45）作为一个系统，其组成部分主要是单体或连座石峰、陡坡或陡崖、脚洞和峰体洞穴、平原面的宏图盖层和土洞、浅埋的地下水位等。峰林平原中几乎全部属于典型峰林平原，塔状石峰和孤峰大片连续展布达80多平方千米，是世界上面积最大、最典型和最完美的陆上峰林平原喀斯特景观。其石峰形态之美、高度之大、分布密度之高皆为世界第一。其耸立挺拔的石峰及其在农田中的倒影构成了绝妙的自然美景观，成为人与自然相互协调的重要例证。

图6-43 螺蛳山

图6-44 碧莲峰

图6-45 葡萄峰
林平原

（二）广西环江世界自然遗产

环江喀斯特世界自然遗产地（图6-46）是贵州荔波的自然拓展地，位于环江县西北部的木论国家级自然保护区内，这里有当今世界上自然生态最完整、最典型、保存最完好的岩溶峰丛原生态森林区。环江岩溶丛整体上俯瞰尤其壮观，从空中欣赏被大量森林覆盖的峰丛、峰林、洼地的壮观景象，这些锥状石峰均匀地排列和完美地分布于莽莽林海中，构成了一幅美丽的画卷。

遗产地核心区71.29平方千米，缓冲区44.3平方千米，均位于木论自然保护区内，共115.59平方千米。主要景点有杨梅坳、长美山水风光、文雅天坑、爱山森林公园、牛角寨瀑布、古道雄关、凤腾山古墓群、明伦北宋牌坊等。

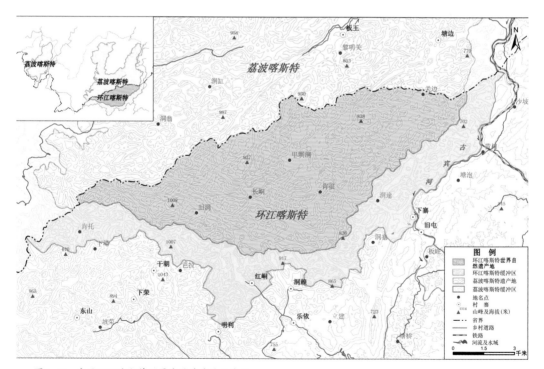

图6-46 广西环江喀斯特世界自然遗产地示意图
注：图上界线不作划界依据。

1. 岩溶地貌景观

广西环江世界自然遗产地地貌景观包括单一型岩溶地貌、组合型岩溶地貌、岩溶洞穴三类。

（1）单一型岩溶地貌景观

该地貌受到林区白云岩和石灰岩组成的宽阔褶皱和西北-东北向断裂及其伴生裂隙的控制，类型以峰丛漏斗-峰丛洼地为主，并发育有长条形岩溶谷地和盆地以及洞穴。

①山体。主要包括锥形山（图6-47）或塔形山（图6-48）以及由于

图6-47　锥形山

图6-48　塔形山

构造控制而形成的双峰或多峰、长条形或规则形山体，占地面积一般在0.04～0.5平方千米，多为0.1～0.3平方千米，大的可达1.5平方千米。锥形山海拔分布大致为西部海拔900～1000米，东部海拔800～900米。锥形山或塔形山是林区主要的岩溶地貌形态，山体森林茂密，从山脚到山顶部位发育有岩溶洞穴。

②岩溶漏斗和岩溶洼地。岩溶漏斗和岩溶洼地均指一种封闭的负地形，常常与峰丛共生，即四周为峰丛所环抱。岩溶漏斗呈漏斗形或碟状的封闭洼地，直径在几米到百米，深几米到几百米，是遗产地的主要岩溶负地形。长轴直径主要为40～80米，分布于中西部地区。多数漏斗中植被繁盛，底部常有落水洞或泉水出露。岩溶洼地底部较平坦，覆盖着松散沉积物。形状多样，取决于峰丛山体的形状及排列方式，多为等轴形和长条形，长轴直径多在200米以下，大的可达540米。不少洼地土壤肥沃，或生长茂密森林，或为良好的农田和村庄所在地。洼地中常有地下河天窗、消水竖井，边缘有岩溶洞穴，有时见有地下河明流。

③复合洼地。复合洼地指有两个或多个洼地相连，其间垯的高差在几米到一二十米的洼地组合，发育于遗产地中东部，一般是长条形，较长较大者多受断裂构造控制而形成，长轴直径多在110～300米，较长的达几千米，有些形成岩溶盆地。

④岩溶盆地。岩溶盆地即有松散沉积物覆盖的大型岩溶洼地，面积大于1平方千米，呈现开阔的盆地形态，形状以长条形、"X"形或不规则形为主，主要受断裂构造控制，盆地中常有地表明流、地下河、天窗、竖井。岩溶盆地主要分布于遗产地林区东部，岩溶盆地不是很发育，典型的只有甲坝洞岩溶盆地，总长3200米，宽400米，呈不规则长条形，其发育明显受北东向断裂控制，是甲坝洞村所在地。西部岩溶盆地长近4000米，宽达400米，呈长条形，北部一段为宽阔的岩溶洼地，南段为狭窄长条形岩溶谷地。

⑤岩溶谷地。一般指谷底平坦、长宽比大于5的岩溶洼地，常见有地表河或间歇性地表河，地下水埋藏浅。西部岩溶盆地南段、长岣洼地

等均近似于岩溶谷地。严格的岩溶谷地，即岩溶槽谷的定义为有流水作用参与形成的长条状的岩溶洼地，且长达几十至百余千米。

除以上主要岩溶形态外，该地还发育不少洞穴及各种钟乳石、溶痕、石芽、地下河、落水洞、天窗、岩溶泉等。

（2）组合型岩溶地貌景观

组合型岩溶地貌景观以峰丛-洼地、峰丛-漏斗为主。峰丛是"联座"的峰林，峰与峰之间常形成"U"形的马鞍形地。峰丛洼地（图6-49）或峰丛漏斗即为峰丛与洼地或漏斗的组合地形。在统计中，峰丛漏斗所占比例达75%，洼地或漏斗深度（由峰丛鞍部到洼地或漏斗底部的高差）一般在几十米到150米。

峰丛漏斗中，锥形山边坡陡峻，森林茂密，地下水埋藏较深。峰丛洼地底部为第四系残坡积物堆积，土壤肥沃，地下水埋藏较浅。在较大的洼地中可见一些地下河及其天窗、消水竖井、岩溶潭、岩溶泉和不多的地下河明流。

图6-49　峰丛洼地

（3）岩溶洞穴景观

岩溶洞穴主要沿近东西向、北西西向和北东东向的断裂发育，洞体不长，在10～300米，洞内以溶蚀为主，钟乳石发育不多。

①社村下鸟洞：洞口位于川山乡社村下鸟屯南东、海拔400米的山包上。洞口方向为135°，直径1.5米，洞体由三四个厅组成，发育于厚层石灰岩的近东西向裂隙中。洞道近东西向，分叉多，但主要以北西向和南东向支洞为多。洞内洞道狭，洞总长约120米，洞底高低不平，有石笋、钟乳石发育（下鸟洞平面示意图见图6-50）。

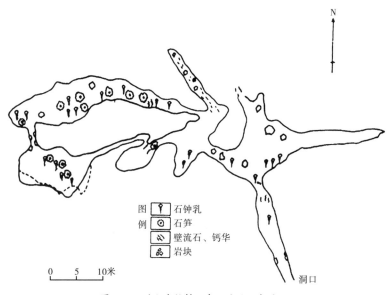

图6-50　川山乡社村下鸟洞平面示意图

②峒赖洞：位于峒赖村北东向约100米的山坡上，洞口向南，洞由两个大厅组成，两厅之间为一小通道。洞体总方向为南北向，厅高8～10米，宽10米，长约40米，发育有一些钟乳石、石笋、壁流石，外厅近洞口见小石鳞片（峒赖洞平面、剖面示意图见图6-51）。

③下衣洞：位于下衣村后北西向山坡上，高出洼地地面3米。发育于白云岩中，洞口方向为280°，直径0.6～0.7米，洞道为扁平廊道式。前20米洞道走向为150°，宽5～6米，高0.6～0.7米；后210米洞道走向

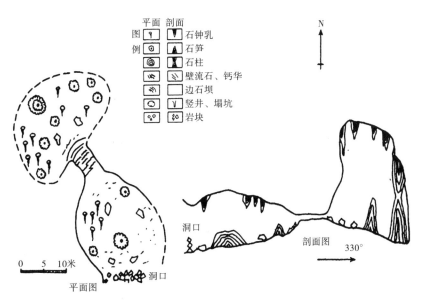

图6-51 岣赖洞平面、剖面示意图

为60°～70°，中部有一南北向小转折（7～8米），洞道宽6～7米，高4～5米（下衣洞平面示意图见图6-52）。

在洞道20米、80米和末端钟乳石较为发育，洞体相对变大，有滴水及水潭，石笋、钟乳石、鹅管石、石瀑布、壁流石、石旗、石柱等发育。洞顶常见有龙脊构造，距洞末端约20米有一消水竖井，直径1.5米，深7～8米。

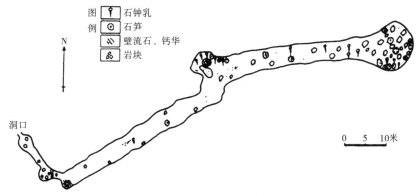

图6-52 下衣洞平面示意图

④中论洞：位于中论屯北东向30°、高差80～100米的山坡上。中论洞发育于石灰岩层中，洞口方向170°，宽5米，高2米。洞体由一个大厅和一个廊道组成，二者由一个直径不到1米，垂直向下约1.5米的狭窄通道连接。大厅高4～5米，宽10～15米，底部向里倾斜约10°，由钙化流石组成，长约18米。大厅中发育有石笋、钟乳石、石柱、壁流石、鹅管石、石瀑布、边石坝等。通过一狭口方向为北西295°的廊道（狭口宽6～7米，高3～4米，长25米）可进入末端，末端为一个高大的小厅，底部为水潭，边部发育有一些钟乳石（中论洞平面示意图见图6-53）。

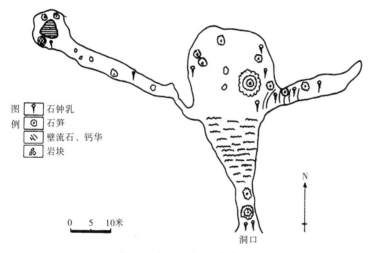

图6-53　中论洞平面示意图

2. 外围景观

环江岩溶世界自然遗产地周边散布着壮族、毛南族、瑶族、苗族、布依族、水族等少数民族山寨，游人到来，可尽情领略浓郁的少数民族风情，品味山区的各种美食。

敢于探险者可以深入人迹罕至的深山密林腹地考察探奇，必将大开眼界。旅游爱好者可以游览远近闻名的杨梅坳、长美山水等风景名胜。

①杨梅坳：位于河池市环江县九万大山（图6-54）山脉腹地。这里山高林密，水多洞奇，风光旖旎，民风古朴，是旅游、观光、避暑的理想胜地。这里夏有雾景林海，冬有雪景，还可享受药浴，别有情趣。

②长美山水风光：波涛滚滚的小环江自源头贵州南下广西，缥缈东流。当它流经环江县长美乡时，天然造就了长美至八福10千米河段的壮丽画卷，吸引着无数文人和探奇者前往游览观光。

图6-54　九万大山瑶家秋日

③牛角寨瀑布群：又名凤凰山瀑布景区，位于环江县明伦镇八面村牛角屯，距县城42千米，景区面积10多平方千米，山地相对高度较大，气候温暖宜人。牛角寨瀑布群（图6-55）是多级瀑布，在1500米长的范围内由八个瀑布组成，最大的一处七仙女瀑布高差至少有60米，近观白露茫茫，远听声震山谷，响声如雷。银白色的瀑布流水飘然泻下，形似仙女在空中裙带飘逸，隽永秀丽，被誉为"广西的黄果树"。

图6-55 牛角寨瀑布

图6-56 古道

④古道雄关：环江石板古道（图6-56）宛若一条绵延迤逦的绿宝石链带，连接着黔、桂两省区，见证着古往今来。由青石、花岗石一块一块地铺砌而成，路面宽1.2米，蜿蜒深藏在神奇稀世的木论岩溶国家自然保护区内，全长25千米。穿越了下峒坪、龙乐、卡郎、上峒坪、荣花、巧峒、凉水、闷水、黎明九重雄关，昔日各个关口设有驿站、兵站，官商农士得以安全往来。

（三）广西左江花山岩画世界文化遗产

北京时间2016年7月15日下午，经在土耳其伊斯坦布尔举行的第40届世界遗产大会审议通过，广西左江花山岩画被列入世界文化遗产名录。这是广西第一个世界文化遗产，也是中国第一个岩画类世界文化遗产。

左江花山岩画文化景观位于广西崇左市的宁明县、龙州县、江州区和扶绥县境内，是中国南方乃至亚洲东南部区域内规模最大、图像数量最多、分布最密集的赭红色岩画群。岩画作画的具体位置，在地质上分布于上石炭统黄龙组至中二叠统茅口组厚层到块状灰岩的沿江峰丛的断裂面或大型节理面上，平整光滑的岩面（图6-57）为作画提供了先决条件。

图6-57　花山岩画作画岩石

宁明县的花山岩画（图6-58），画幅宽约172米，高约40米，面积8000多平方米，因其规模宏大、场面壮观、图像众多而举世闻名，是左江流域岩画的典型代表，被誉为"崖壁画的自然展览宫""断崖上的敦煌"。

图6-58　花山岩画一景

1. 岩画的年代及特征

专家学者从多方面研究推断，左江岩画的绘制大致可分为三个时期。这三个时期岩画的各自特征可归纳如下。

（1）Ⅰ期岩画

Ⅰ期岩画的基本特点是构图完整，场面宏大，人或物图像较多，且排列整齐。画面充满严肃、隆重的气氛，能反映出现实生活中不同的活动场面，内容丰富。它还具有以下几个特征。

①主要由人、铜鼓、马、礼器、船、太阳、道路等多种图形组成完整的画面。

②作为岩画主体的人像，数量多，动作协调，间或运用线条象征道路或地平面把人物联系起来；人像的头饰较多样化；在一个画面中一般有正面和侧身两种人像（图6-59）。

③在大多数画面中，有一个或两个身躯高大的正面人像处于中心或重要位置，被侧身人像簇拥围绕（图6-60）。正面人像通常骑马、佩剑（或持剑），头饰羽。

根据对骑马人像、正面人像、侧身人像、铜鼓图像、扁茎短剑图像、羊角钮铜钟图像（图6-61）、环首刀等器物出现的时代背景及特征的分析推断，Ⅰ期岩画作画时代大约是战国至西汉晚期。

（2）Ⅱ期岩画

Ⅱ期岩画既不如Ⅰ期岩画场面宏大、繁缛，也不似Ⅲ期岩画那样符号式的单调。其特征如下：

①岩画主要由正面人像组成，形态基本一样。侧身人像、铜鼓、刀剑和马的图形在画面中还有少量存在，其他图形已绝迹。

②每组岩画人数不多，但排列整齐，动作协调，部分保留了Ⅰ期岩画突出中心人物的画法。

③画面构图比较接近，大都是数人列成一横排。从画面上较难看出其表现的内容。这些岩画已带有象征性含义，表现出向正面人像符号演变的趋势，可看作是Ⅰ期岩画向Ⅲ期岩画的过渡。

图6-59 岩画中的侧身人像（有的胸前挂一铜鼓作 图6-60 岩画中的主要正面人像（中心人物为部落首
敲击状） 领，其余人围绕他进行载歌载舞的祭祀活动）

图6-61 位于两个正身人像之间的羊角钮铜钟图

Ⅱ期岩画与Ⅰ期岩画相比不仅在构图上有变化，而且所绘的人像也
趋于简化，躯体呈长方形或长条形的逐渐多起来。羊角钮铜钟、扁茎短
剑的图像已经消失。Ⅱ期岩画少数人像尚保留有佩环首刀或长剑的，铜
鼓也有少量保留。因此，可以推断Ⅱ期岩画作画时代的上限当在西汉晚

期以前，即西汉中期，可延续到西汉晚期，乃至东汉早期。

（3）Ⅲ期岩画

Ⅲ期岩画多为含有特殊意义的绘画符号。它有以下特征：

① 以正面人像作为符号独立存在，侧身人像已消失。

② 除极少数地点尚有刀、剑图形外，其余图像均已消失。

③ 图形相互间缺乏联系，画面单调，看不出所表现的内容。

Ⅲ期岩画中，极少数地点仍有环首刀、长剑保留，因此Ⅲ期岩画作画时代的上限约为西汉晚期。同时，又由于各种辅助图像消失，因此Ⅲ期岩画的显著标志是裸体人像。裸体是左江地区的先民当时生活习俗的写照，东汉时当地土著已有简单的衣着了。左江地区裸体习俗不见于东汉及其以后的文献记载，就说明西汉以后此习俗已经改变。因此，有理由认为Ⅲ期岩画作画时代的上限当在西汉晚期，下限应为东汉。

2. 岩画的性质及表现形式

（1）岩画的性质

左江岩画的性质据考评属于典型的巫术文化遗迹。左江岩画大多数绘于依江临水、人迹难至的悬崖陡壁上。江中水流湍急，布满险滩，难停舟船，这对于岩画绘制者来说，不仅极其困难，而且相当危险。并且，岩画大多数画在肉眼难以看到的高度，画的位置一般在距江面高约30~60米的岩面上，最高处达120米（如赫头山岩画）。因此，岩画不是单纯为审美、欣赏、消遣而绘，合理的解释只能是岩画本身具有神秘而特殊的功用，是古代巫术文化的遗迹。

（2）岩画的表现形式

左江岩画是骆越社会各种巫术活动的集中反映，而舞蹈则是这些活动的共同形式，目的在于娱神，最终目的是想借助神的力量谋求功利。

骆越人通过岩画中那些正面、侧身舞人向神灵献媚和祈祷，它勾画了骆越人怀着虔诚之意，跳起娱神、媚神、通神的舞蹈，举行各种巫术礼仪的重要场面。按其内容分则有羽舞、铜鼓舞、假面舞、拟兽舞、太阳舞、祈年舞、祀河舞、庆功舞等。

左江岩画的舞蹈组合大约有四种形式：①正面、侧身两种舞姿的组合；②以侧身舞姿为主体的组合（其中往往簇拥一高大的正面者）；③以正面舞姿为主体的组合；④独舞。

3. 岩画的内容

岩画的内容丰富，主要包括以下几种：

（1）祭日

祭日之风源于人类对于太阳的崇拜，在世界古代各民族中盛行。祭日的遗迹在左江岩画中有3处：一处为宁明花山第二区第二组岩画，该幅画虽遭到破坏难以全观，但依然可看清一个光芒四射的太阳及其下方3个顶礼祈祷、虔诚歌舞的人像；一处见于扶绥县吞平山第一组岩画中，画中描绘了在一个巨大人像身旁的太阳图形；还有一处见于崇左市银山第二处第二组岩画中，画面上方为太阳图像，下方为一群举手歌舞的膜拜者。

（2）祭铜鼓

铜鼓是岭南民众之圣物，是南方古代民族铸造和使用的重器。晋代裴渊在《广州记》中记载："鸣此鼓集众，至者如云。"这种场面，在左江岩画中反映甚多。作为一种标志物，铜鼓成了统治者权力的象征；作为祭祀乐器，铜鼓则用于节舞。由于铜鼓有节奏的声音能使人们兴奋、冲动，能鼓起人们的勇气和力量，便被视为神灵的化身。所以南方民族认为"是鼓有神"，从而产生对铜鼓的崇拜与信仰。

在宁明花山、高山、上白雪、朝船山、仁怀山、龙州花山、白龟红山、驮目红山等处的岩画中都有击鼓图像（图6-62），表现的即所谓"鸣鼓以集众"之意。诸如此类，在左江岩画中甚多。不难看出，这类岩画的主题是以铜鼓为中心绘制的，反映了骆越人对铜鼓的崇拜，是他们举行祭鼓礼仪的真实反映。

图6-62　岩画中的铜鼓图像

（3）祀河

左江流域的骆越人临山傍水而居，人们把左江奉为母亲河，故许多活动都与左江河水息息相关。在这方面，岩画中也有所反映。岩画的小船图像一般有数人，侧身，曲肘举手，半蹲腿，动作一致，似歌舞又如奋棹击水。专家认为，这些画面与骆越人的祀河习俗有关，反映了骆越人崇拜河神的意识，可以称为祀河图（图6-63）。

图6-63　祀河图

（4）祀鬼神

在宁明花山第六区第一五组中，有一个处于画面中心最高位置的
正面人像，身躯高大魁伟，腰间佩带环首刀，骑马，头戴兽形装饰。其
下方一位腰佩双剑者的胯下跪着一个侧身女性。其余人像皆举手蹲腿而
舞，形如祈祷。其间夹以面具、铜鼓、羊角钮铜钟，展现了隆重庄严的
礼仪场面。为首者头上的兽形装饰，头长，顶上有双耳，垂尾及四肢细
长。人戴之于头，无疑是装扮成某种动物的形象。宁明花山有多处与此
性质相类似的岩画。专家认为这些岩画反映的是骆越人祀鬼神的巫术活
动，可称之为祀鬼神图（图6-64）。

图6-64　祀鬼神图

（5）祀田（地）神

巫术舞蹈在以奉祀田（地）神（农业神、生育神、春神）祈求生殖
（或祈年）为目的的仪式中是不可缺少的。

岩画中出现的相拥男女下方，排列着似谷粒的点状物，便是农作物
的象征。其意义在于通过孕育礼仪的魔法，促进农业的多产和好收成。
同样，岩画中丰满的女子正是繁衍与多产的象征，具有祈祷人丁兴旺、
生产昌盛的意义。

（6）祈求战争胜利

战争是原始社会后期才出现的。后来人们为了祈求战争的胜利，

便有了带有巫术性质的战争舞。在宁明花山第四区第九组画面中心，有一个高大的正面人像，其左侧和下方各有一群正面人像，手执小人跳跃而舞。岩画不描写战争本身，而着意表现献俘，这是因为岩画的魔法作用，即具有祈祷胜利的功能。

（7）祭图腾

左江岩画中还发现了鸟与鹿的图像，这显然与骆越人的崇拜与信仰有关，是骆越民族图腾祭典礼仪在岩画中的反映。据此，专家认为左江岩画的内容还包括"祭图腾"的巫术礼仪。

4. 岩画的特色

①左江岩画是古代骆越民族的艺术杰作。它的一大特点是颜料画，与用凿刻方法创作的线刻和线雕岩画是截然不同的。作岩画的颜料和技术经众多专家鉴定为含氧化铁的赤铁矿。经实验证明，左江岩画的绘画颜料中除了天然颜料，还有作为黏合剂的蛋白类水解物和分解物存在。分析推测古代人类绘画颜料的黏合剂，多系动物类，主要来源于动物的皮、骨、血、奶、脂、蛋清等。

②左江岩画是人像岩画，那些单个的或成组的人像，布满了整个画面，构成了以人像为主的显著特点。左江岩画强调以人为基础的活动画面，仅在部分岩画中出现少量的动物及器物图像，且多处于从属的地位。

③左江岩画是骆越阶级社会的巫术岩画，它全部而不是部分反映了骆越社会意识形态领域内的礼仪活动，构成了岩画的又一鲜明特色。岩画集中地表现了骆越统治阶级的理想和意志，而不是整个社会的生活。因此，它在内容上缺乏阴山岩画"放牧图""迁徙图"，以及沧源岩画"村落图"那种充满生活情趣的画面。作为巫术手段，左江岩画强调的是那些被视若神灵的现象。

④左江岩画的实物形体大都采用平面塑造，即以投影单色平涂的简单方法进行创作，多涂满颜色。有的地方则以"骨架"的画法来表现。画面整体感强，图像多而不乱。那些岩壁上的实像毫无矫饰、烦琐的细

部加工，只有外观轮廓，产生了近似"投影"或"剪影"的艺术效果，
属于被称为"黑影艺术"中的佳作（图6-65）。

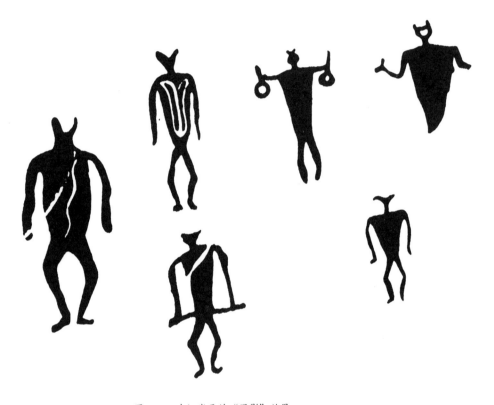

图6-65 左江岩画的"黑影"效果

（四）乐业-凤山世界地质公园

乐业-凤山世界地质公园于2010年获联合国教科文组织批准，是
我国31个世界地质公园中的一员。该公园位于中国西南部，广西西北
部，行政区域隶属广西百色市乐业县和河池市凤山县，面积260.6平方
千米，含乐业大石围天坑群园区及凤山园区。地貌上处于云贵高原向广

西盆地过渡的斜坡地带，发育于百朗、坡月两个完整的大型地下河流域系统内。保存有"世界天坑之最"的乐业天坑群、美丽奇特的凤山天窗群和大型洞穴厅堂群，以及作为地质历史记录的丰富的古生物化石群遗迹、世界上跨度最大的布柳河仙人桥、世界上最为典型的峰丛地貌系统，还有独特的亚热带天坑底部动植物群落和少数民族风情。

1. 广西乐业大石围天坑群园区

乐业大石围天坑群园工于2004年被国土资源部（现为自然资源部）批准为国家地质公园，是我国目前唯一以天坑群为主体并具有多重旅游功能的大型园区。它位于百色市乐业县城西郊，距百色市168千米，距南宁市440千米，有高速公路、二级公路、三级公路相接并直达园区。园区面积128平方千米，园中地质遗迹十分丰富，主要有天坑、溶洞、地下河系统、高峰丛地貌、夷平面、重要地层剖面、动植物化石及遗址等。

景观总体特征归结为"三高、五大、一特、三多、一长、一好"。

"三高"：一是指位于云贵高原边缘，大部分地区海拔在1200～1600米，所处位置高；二是指其岩溶地貌属高峰丛；三是指该地质公园处于广西最高岩溶夷平面上。

"五大"：一是指该地质公园内地质遗迹规模大、密度大，即有天坑26个，溶洞90个，地下暗河30千米，地下河洞穴大厅5个；二是指岩溶峰丛中洼地密度大，一般达2～5个每平方千米，局部达6～7个每平方千米，属广西之最；三是指形成地质遗迹的石灰岩为距今2亿～3亿年的石炭至二叠纪巨厚岩层，厚度大（2500～3500米）；四是指地质公园内新构造时期的地壳活动性大，地壳相对上升速度快，古近纪以来年均上升0.016毫米，第四纪以来年均上升0.33毫米，为桂西北相对上升最快的地区；五是指该地质遗迹科学、艺术、历史价值大。

"一特"：指地质公园位于特殊的乐业"S"形背斜构造中段的转弯部位，岩层中的断裂、节理、裂隙发育，为天坑溶洞的形成创造了有利条件。

"三多"：一是指地表以上溶洞层数多，达13层，相对其他地区来说层数最多；二是指岩溶地质遗迹和现代珍稀动植物多，包括天坑数量多（26个），有珍贵植物18种、濒危植物2种（红豆杉、桫椤），突出的有国家一级保护植物桫椤，珍稀动物有透明盲鱼、中国溪蟹和张氏幽灵蜘蛛；三是指罗妹洞中莲花盆形状、数量最多，有296个。

"一长"：指的是天坑等地质遗迹集中在广西四大地下河系统之一的百朗地下河的中上游，地下暗河长达30多千米，流域面积达835平方千米。

"一好"：指的是该地质公园内生态环境系统未遭受破坏，原始生态保存较好。

单个地质遗迹特点为雄伟、险峻、奥妙、珍稀和秀美。

雄伟：居高俯视地质公园，群峰挺拔，山峦绵延，谷地纵横交错，深浅不一的洼地密布，天坑犹如镶嵌在碧毡上的一颗颗璀璨的明珠，构成一幅雄伟壮阔的高峰丛景观。特别是名列世界第二的大石围天坑、名列我国第一的罗妹洞、名列世界第一的布柳河仙人桥地质绝景，其态势壮观无比。

险峻：天坑四周绝壁如削，高差大，惊险万分，天坑深度一般在100～200米，最深达613米。人站在峰顶或垭口俯视坑底，顷刻间毛骨悚然、惊心动魄。地质公园内竖井在地上呈垂直的近筒状通道，最深的冒气洞竖井达365米，且上小下大，创造了悬空260米的世界纪录，每一个下井的探险者都面临着心惊胆战的生死考验。

奥妙：地质公园内景观成因机理奥妙，如白洞天坑南400米处的冒气洞，当洞内外温度和湿度有一定差异时，洞口即可产生明显的呼气声现象；罗妹洞中千姿百态的莲花盆和盆中的石柱，以及神木天坑底部有形似大鸟巢的蕨类植物等，它们的成因机理及生态复杂、奥妙难测。

珍稀：该地质公园内不少景观在国内外特别珍稀。除了上述的大石围天坑、布柳河仙人桥、罗妹洞中296朵莲花盆及创造世界探险纪录的冒气洞外，还有面积（7万平方米）名列中国第三、世界第五，体积为中国第一、世界第二的红玫瑰洞穴大厅，有体积为中国第二、世界第三的阳光洞穴大厅。公园内还有直径达9.2米的莲花盆王（图6-66），及其他国家重点保护的珍稀植物和珍稀动物。

图6-66　莲花盆王

　　秀美：指地质景观清秀而美丽，以大石围天坑和溶洞次生沉积物景观最具代表性。大石围天坑坑口由3座山峰和3个垭口组成，站在任何地方观看都会给人以美的享受。空中鸟瞰，峰峦叠嶂，山川浩瀚，气象万千；登峰看大石围，林木葱茏，层林尽染，绝壁陡峰，惊心动魄；坑底观景，萌生植被遮天蔽日，水气弥漫，环境独特；雨中观景，雾霭云流，若隐若现，烟雨悬垂，水帘洞天。各种景色的汇集，体现了大石围天坑的阳刚美、动态美、色彩美和朦胧美。罗妹洞、熊家东洞、熊家西洞、迷魂洞和飞虎洞，其洞内次生沉积物景观，有的似人似物，有的似禽似兽，五彩缤纷，琳琅满目，包括滴水、流水、停滞水、渗透水、飞溅水、协调水等各种作用下的所有沉积物景观，是研究洞穴和观赏洞穴沉积物的理想场所。园内环境特别秀美，森林植被比较茂盛，大部分天坑坑口及坑底森林密布，生机盎然，秀色宜人。

乐业大石围天坑群园区（图6-67）的景观分别集中于大石围-神木天坑景区、穿洞-大曹天坑景区、黄猄洞-吊井天坑景区、罗妹洞景区、布柳河峡谷五个景区内，其中代表性景观如下。

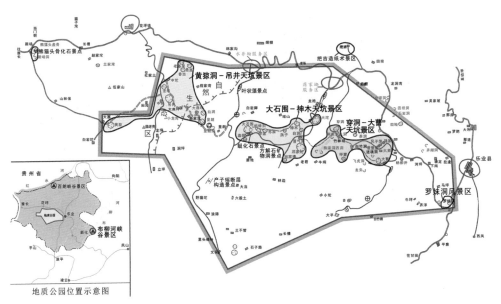

图6-67　乐业大石围天坑群景区分布示意图（引自2009年广西区域调查研究院《广西乐业大石围天坑群国家地质公园总体规划》）

（1）天坑

地质公园内已发现27个天坑，它们较集中于乐业县城以西的新场至大曹一带，东西长20千米，南北宽4～8千米，有世界超大型天坑2个，大型天坑7个，为世界少见的天坑群。其中代表天坑如下。

①大石围天坑：位于园区中部，平面上由3座山峰和3个垭口构成其边界，形如鸭梨，周边至坑底均为绝壁。坑底呈不对称漏斗状，西绝壁有地下河天窗。大石围天坑（图6-68）东西长600米，南北宽420米，山峰海拔1440～1486米，绝壁高度为150～278 米（以垭口高度计），天坑最大深度613米，最小深度278米，天坑顶部面积16.66万平方米，底

图6-68　大石围天坑

部森林面积9.62万平方米，容积67.15万立方米，为世界第二大型天坑，仅次于名列世界第一的重庆奉节小寨天坑。天坑东绝壁中央有1个溶洞，长155米，宽35~45米，洞体走向为东西向，洞体中部发现两处熬硝池，表明有人类生产活动的痕迹。天坑东峰山体内还有1个溶洞称马蜂洞，入口位于东峰山腰处，入口标高1372米，洞底标高1289米，洞体向南以8°~31°坡度下降至大石围天坑绝壁处，长215米，洞口见石柱，中段钟乳石发育，并首次发现古近纪河流湖沼相沉积。

　　大石围天坑西峰绝壁下隐伏着一条地下河，洞口高25米，宽55米，呈钝三角形，洞口之下即为地下河。

　　大石围天坑底部、绝壁及其周围生长着茂密的植物，底部为准原始森林，有众多的珍稀植物。大石围天坑以神奇、险峻而著称，是猎奇、探险和科考的极佳场所。

　　②神木天坑：位于园区中部瑶山东南侧，坑边由2个对峙的山峰和2个垭口组成，形似多边形，坑边长370米，宽340米，平均深186米，最深234米，坑口面积7.09平方米，容积1318万立方米，为大型天坑（图6-69）。

图6-69　神木天坑

天坑四周为绝壁，从南垭口可进入坑底。天坑底部森林茂密，珍稀植物有红豆杉、虾脊兰、雀巢蕨黄杉、华南五针松等。

③白洞天坑及冒气洞：位于园区中部大石围-神木天坑景区东侧，白洞天坑口部形态近圆形，周边高程1223～1321米，东西长220米，南北宽160米，面积2196平方米，平均深263米，最深312米，容积578.60万立方米。

由西北坑壁较易下坑底，坑底是一个向南的斜坡，至南绝壁下有一个三角形洞口，再下100米斜坡为一水塘，然后沿斜坡上爬150米至坡顶，可见阳光从头顶260米高的洞口直射进来，这个洞口就是神奇的冒气洞（图6-70）。冒气洞深达365米，

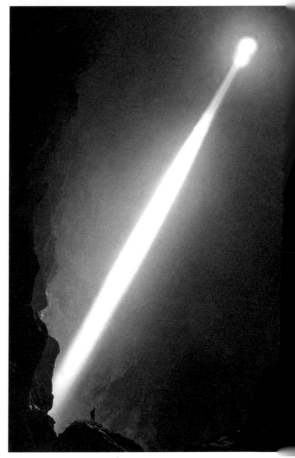

图6-70　冒气洞

其下有一厅堂，厅宽180米，面积3万平方米，称阳光大厅，其体积为520万立方米，居国内第二位、世界第三位。厅南侧壁可见3个小石笋，极似三尊立佛，栩栩如生。站在厅内可听到滔滔不息的地下河流水声，十分动听。

冒气洞神秘之处在于它存在呼吸现象，呼气时风速高达6.7米/秒，呼气量达到825米^3/秒。阳光大厅内地下河及其洞穴系统温度分别高于洞外10～14℃，所以产生冒气现象。

2001年3月6日，中、英、美联合探险队5名队员用智能响应技术（SRT），首次由冒气洞口下到阳光大厅，创造了垂直悬空260米的世界探险新纪录。

白洞天坑珍稀、珍贵植物有四方竹、黄心含笑、三尖杉、八角莲、石栎、秋海棠、常青藤等。

④邓家坨天坑（流星天坑）：位于园区中部，冒气洞南边，天坑口部形态呈盾形，长470米、宽370米，坑口面积12.82万平方米，底部面积1.08万平方米，山顶标高1230～1421米，天坑平均深222米，最深278米，容积2619万立方米，为大型天坑（图6-71）。天坑北侧、西南侧、

图6-71　流星天坑

东侧为绝壁，壁面上可见蜂窝状小洞。天坑四周及底部植被茂密，大、中、小乔木与灌丛并存，坑底中心部位有一消水坑，表明其下有地下河。

⑤穿洞天坑：位于园区东部，天坑四周由6座山峰围成，平面呈多边形，北东向长370米，北西向宽270米，坑口面积7.3万平方米，坑底面积3万平方米，6座山峰高程1280～1381米，平均深175米，最深312米，容积1172.15万立方米，为大型天坑（图6-72）。

图6-72　穿洞天坑

天坑西南侧为穿洞，长202米，宽20～28米，高9.5～23.5米。洞底西南端为直径70米的圆形厅堂式溶洞，洞高29.3米。通过穿洞可以走入坑底。穿洞洞腔内分布有一定规模的景观。洞前端有10米高的石笋，似天坑守护神，洞内有4米高的钝顶石笋，还有似古钟圆塔、洋葱形态的壁流石等。后段洞底还有"情人热恋""森林风光""火树银花""叠层石"等景观。穿洞天坑坑底及四周林木茂密，绝壁上有少量大松树。

⑥大曹天坑：位于园区东部火卖村南侧，坑口呈不规则四边形，南北长300米，东西宽140米，天坑底部向南倾斜，绝壁由北向南加深，东西绝壁呈锯齿状（因构造所致），坑口面积3万平方米，容积约127万立方米，为中型天坑（图6-73）。

图6-73　大曹天坑

天坑东北角底部有一个高约80米、宽55米的干溶洞，向北东延伸150米右侧壁下隐蔽着一个口径1.5米、深30米的竖井，下入竖井即为神秘的地下河，并有中国第一、世界第二的红玫瑰大厅。

⑦黄狼洞天坑：位于园区西部大寨村东侧，坑口形态为不规则多边形，北东长320米，北西宽170米，坑口面积5.17万平方米，坑底面积3.82万平方米，平均深度140米，最大深度161米，容积629.38万立方米，为大型天坑（图6-74）。

天坑四周为绝壁，西侧有一冲沟，雨季可成瀑布，沿冲沟可下到坑底，坑底平坦。天坑东绝壁有两层干溶洞，洞内充填纹层状钙质沉积物及河流相砾石层。

天坑四周树林茂密，乔木高大挺拔，最高30米，主要有青冈、雪

图6-74 黄猄洞天坑

松、枫树。北绝壁主要为攀壁藤木，其中有4株稀世之宝——大扁藤及木杪椤。这里是探险攀岩的好场所。

⑧吊井天坑：位于园区西部，天坑周边由6座山峰组成，呈多边形。东北峰最高1459米，西侧垭口最低1309米。天坑北东长300米，东西宽217米，平均深110米，最深171米，面积8.63万平方米，容积1260.27万立方米，为大型天坑（图6-75）。

图6-75 吊井天坑

天坑西垭口可下至坑底，多见成片人工松林，天坑陡坡上树林茂密，主要为高大的乔木。

（2）溶洞

大石围天坑群园区内岩溶洞穴十分发育，溶洞数量多，分布广泛，地表出露最低标高880米，最高标高1430米，但主要集中分布于880～1100米和1250～1430米两个区间。共有溶洞13层，层间距离最小5～10米，最大145米，一般距20～30米。据对部分溶洞已获的植物孢粉化石和大熊猫化石研究，表明标高1000米以上的溶洞形成于古近纪时期，1000米以下的溶洞形成于第四纪时期。1000米以上为干洞，1000米以下多为湿洞，形成丰富的钙华沉积物。其中罗妹洞、熊家洞、飞虎洞、迷魂洞内有重要的地质遗迹景观。

①罗妹洞：该洞由上下两层溶洞组成，上层为干洞，下层为现代地下河廊道。上层洞呈狭长的"S"形廊道展布，长970米，宽10～50米，高1.5～2米。洞穴景观主要以次生化学沉积物（钟乳石类）为主，包括重力水沉积（滴石类、流石类、池水沉积类）、协同沉积、钟乳石、石笋、石柱、壁流石（石幔、石幕、石瀑、石盾）、天流石（石旗）、底流石（流石坝、石梯田、穴珠）和莲花盆，其中以莲花盆和流石坝最具观赏价值（图6-76）。上层洞划分为6大景区59个景点。6大景区分别为罗妹迎宾景区、同乐风采景区、瑶池仙境景区、莲花大世界景区、鱼米之乡景区、九龙柱景区。其中以莲花大世界景区最为迷人，景区内有形态多样、大小悬殊的莲花盆296个，为世界奇观。

下层洞仍处在地下河发育阶段，洞内钟乳石少，洞穴隧道形态曲折，有地下河景观，主要有8个景点：暗访地宫、仙人开道、神舟直上、九曲天宫、银河西流、重放光彩、罗妹挥手、溪水常流。

②熊家东洞、西洞：东洞洞口标高1207米，洞体主要为北东向，洞长1.63～1.77千米，宽5～46米，垂直高差94.31米，洞内主要景观是石笋类和流石类沉积。洞穴中部因流石发育形成迷宫型厅堂，面积1209平方米，体积约3.62万立方米。流石类沉积景观有多彩流石、梦幻剧场和

图6-76　罗妹洞

450米长的流石坝；石笋类景观有龟离海岸、鳄鱼头、宇宙飞船、高鼻老妇背小孩、融雪人、小夫妻之吻等。

西洞距东洞出口100米，洞体为南西向，有两个小叉洞，洞长1.24～1.36千米，宽1～80米，洞高2～35米。洞内见三处集中滴水，以石化木槽滴水量最大，景观以粗犷式壁流石和高大石笋为主。洞内有两个大厅，分别命名为阅兵厅和世纪大厅，面积分别为3500平方米和6000平方米，体积分别为8.75万立方米和21万立方米。洞内景观集中，属于石笋类景观的有寿龟迎宾、五虎上将保刘备、雨后春笋、霸王盔等9处，流石类景观有昭君出塞、世纪大厅、圣驾行宫、紫金龙门等6处。流石类与石笋类组合景观有宫廷蜡烛、花林、芦笛声声、葡萄园和木槽论古等。该洞是极具旅游价值的景点。

③飞虎洞：洞口标高1190米，洞口高3米，宽2米，洞壁上附着

大量透明方解石。沿着70°人工铁梯下50米可进入洞内。洞道为北西向，高约50米，宽10～50米，长约300米，有洞穴大厅，洞内以壁流石（石幔）和石柱为主，形态各异，妙趣横生，具有很高的观赏价值（图6-77）。

图6-77　飞虎洞

（3）地下暗河及洞穴大厅

地质公园内地下暗河极为发育，组成一幅地表有洞、地下有河、洞生河、河连洞的画面。地下暗河总体呈北西-南东向展布，长约30千米，其中镶嵌着白洞、穿洞、大曹3座天坑。地下河道由若干"W"形或"Z"形河道组成，近南北或北东向河道较宽，并出现特大厅堂，如红玫瑰大厅、阳光大厅、麦克斯大厅、运河大厅。北西或北北西向河道较窄且平直，表明受构造裂隙控制。地下河标高920米以下大部分有水流，920米以上的一般为干河，洞道中次生化学沉积物不丰富，主要为石笋类沉积。河道中出现的红玫瑰大厅规模最大，底面积7万平方米，体积800万立方米，其体积居中国第一位、世界第二位。

①布柳峡谷：该峡谷长约15千米，剖面形态呈"U–V–U"形。"U"形谷宽80～500米，两岸山峰高980～1260米，谷深330～840米；"V"形谷宽20～50米，两岸山峰高900～1200米，谷深500～785米。峡谷沿岸群峰林立，绝壁重重，组成气象万千的"布柳画屏"。峡谷河段由6个滩和10个湍流段组成，其落差小、气候温和，是旅游漂流的极好场所。主要景点有平阳风光、金蟾迎宾、水天一色、八仙漂流、黄猄豪饮、仙女出浴、平湖秋月。峡谷尾段有天然飞桥（仙人桥）、幽幽深潭、瀑布飞泻、天云一色等景点。

②布柳河仙人桥（天生桥）：俗称"屋檐"，桥梁厚780米，拱高67米，孔跨177.4米，桥宽19.3米，总桥高145米，桥长280米，屋檐洞跨度160.4米，其规模居国内外大型天生桥之首，最为稀有、典型（图6–78）。

图6–78 布柳河仙人桥

2. 广西凤山园区

凤山园区于2005年8月被国土资源部（现为自然资源部）批准为国家地质公园。其地处广西河池市的西北部，凤山县中部至东南部的坡心地下河流域范围内。园区内有二级公路、三级公路通往各景区，交通便利。这里年平均气温19.2℃，气候宜人。凤山园区包括凤山县的袍罩乡全部、凤城镇东半部、长洲乡南西端和乔音乡南端的小部分、平乐乡南部大部分和江洲乡北半部。园区总面积为132.6平方千米，包括穿龙岩-鸳鸯洞、三门海、仙人桥三个景区（图6-79）。凤山园区的总体特点如下。

①景观数量多。共计157个，各景区风格亮点不同。穿龙岩-鸳鸯洞景区以洞、泉为主，三门海景区以地下河漂流、观光、疗养为主，仙人桥景区以天生桥、洞穴长廊为主。

②景观档次高。凤山园区拥有世界级规模的洞穴廊道、众多的巨大洞穴厅堂、世界罕见的高大石笋、景观优美的地下河天窗、世界级巨型天生桥等地质遗迹奇观。

③地质遗迹类型多样。有洞穴、地下河、天窗、穿洞、竖井、峰丛、峰林、天生桥、边缘坡立谷、天坑、溶蚀洼地、岩溶泉等宏观岩溶地貌和溶痕、溶沟、溶槽、象形山石等小型岩溶形态。

下面分别介绍凤山园区内具代表性的地质遗迹类型。

（1）洞穴

凤山园区及其邻近地区连片分布的峰丛山体内发育有众多的洞穴，是我国洞穴数量最多、大型洞穴分布最为密集的地区之一，而且洞穴内次生化学沉积景观奇特、壮丽，有"无山不洞""无洞不奇""看大洞到凤山"之说。

①江洲洞穴地下长廊：江洲洞穴系统被称为江洲地下长廊，亦称蛮肥洞，位于凤山县江洲瑶族乡境内和巴马瑶族自治县甲篆乡地域内。洞口距江洲乡政府约2000米。江洲地下长廊是坡心地下河的南部支流通

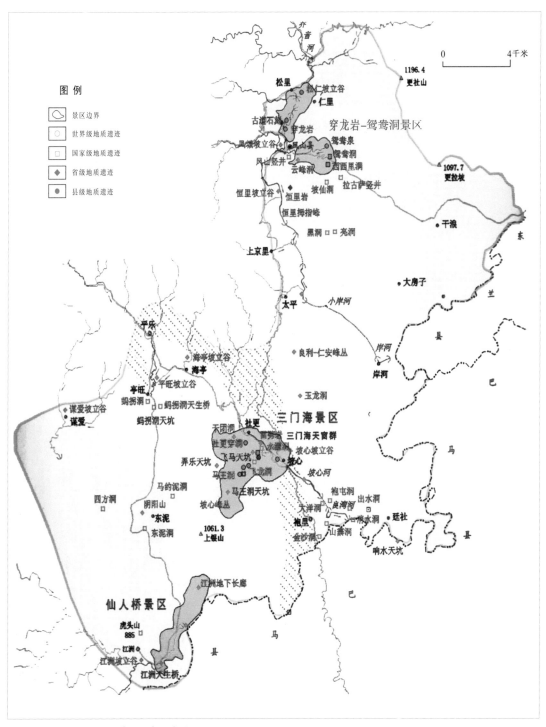

图6-79　凤山园区景区分布示意图

道，为多洞口洞穴，是凤山县目前发现的最长洞穴。经第16、17次中英联合探险队探测，洞穴长度达37千米。

江洲地下长廊发育于距今2.65亿年的中二叠统茅口阶，洞穴由东北、西北、南北、东西向多洞段组合而成。

江洲洞穴空间主要由大型廊道和大型厅堂组成，洞底常堆积有岩块或分布有石笋等钟乳石类。典型的通道宽、高达到30～50米以上，洞底平均坡脚为9°。地下长廊划分为北、中、南3个区域：弄怀洞口以北为北区，弄怀洞口至"百草园天窗"环形通道洞段为中区，"百草园天窗"环形通道以南为南区。该洞穴有如下特点。

洞口众多。该洞目前已探明有景观各异的洞口11个。洞腔空间巨大，通道复杂，洞穴系统长度大，既有宽大的廊道，也有巨大的厅堂，亦见局部狭窄的支洞，通道纵横交错、上下穿行、曲折延伸。

廊道高大。高大的廊道以中区的弄怀洞口至蛮肥洞口洞段为典型代表，这两个洞口宽度各为50米、55米，十分宽阔。除零星洞段洞宽为10多米外，绝大多数洞宽均在30米以上，一般为50～80米。此段长度为3075米的洞段，洞穴投影面积18.4平方千米，平均宽度达60米，总容积高达5.8万立方米。

厅堂巨大、众多。除7个水平洞口段为大厅堂外，各区段还分布有不同数量的厅堂，如北区的滑雪道大厅、足球场大厅、中区连接大厅、"百草园天窗"附近的大厅、哨兵大厅，南区的劫掠相会大厅、巨人大厅、南区连接大厅、格氏连接大厅，"大牛轭"环附近的大厅，胡志明小道南侧的大厅等20余个大厅堂。各大厅面积介于4000～18500平方米之间，其中有8个在1万平方米以上。

发育有环形通道。整个地下长廊发育有至少4个环形通道，自北至南依次为"竖井之乡"环、"百草园天窗"环、"黏土水塘"环和"大牛轭"环。

形态多样。洞道平面投影呈不规则树枝状，主通道由北向南展布，至南区一分为二。横截面形态更是多姿多彩，主要有半圆形、梯形、多边形、三角形、裂隙状、锁孔状、蘑菇形等形状，以半圆形、梯形、多边形居多，反映了洞穴形成时的水流状态和后期对洞道的改造。

旱洞、水洞上下并存，局部地段呈立交桥式。整个洞穴系统至少分为上下两层，上层为旱洞，下层为现代地下河，尤其是南区河道中塌坑底部常见有地下河流，在离坑尚有百余米即可听到地下河流水声。在中区"危险之坑""连接大厅"和南区的"大卫之坑"等处，上层化石洞与下层地下河洞穴呈立交桥式分布，"竖井之乡"环形道南向的上下层洞道也呈纵横交错状。

可见较多的崩塌现象。据不完全统计，在已探测洞道中至少分布有120个塌陷坑，这些塌坑大小不一，深度不同，直径1～30米不等，深度介于1～180米。

洞穴沉积物多。在蛮肥洞内有体量较大的钟乳石类沉积，类型有滴石类的石笋、石柱、钟乳石，壁流石类的石幕、石瀑、石帘等，底流石类的石田、流石坝、穴珠、穴球，以及溅水沉积及协同沉积等类型。石笋、石柱直径可达8米，高达15～25米，十分壮观。此外，还分布有纤巧俏丽的非重力水沉积形态——卷曲石类。

有其他一些重要的地质遗迹。洞穴北区和中区发育有几个塌陷天窗，如陶瓦天窗、分配天窗、江洲天窗、"百草园天窗"等。中区的"百草园天窗"面积7020平方米，深度约50米。坑底植被以草被、小灌丛为主，堪称"百草园"。大略洞口地下河洞段沿地质结构发育，在洞中还分布有体量较大的溶蚀残余物——石桥、石梁、岩柱等地质遗迹。

②马王洞：位于三门海景区西南侧山坡上，其东北端洞口与飞龙洞（穿洞）之间为飞马天坑。东北端洞口巨大，高94米，宽138米，又称"南天门"。

马王洞分3层，下层洞为现代地下河，已测中层洞和部分下层洞（地下河），未测上层洞。已测部分总长度7.7千米，洞穴通道巨大。中层洞入洞后便是宽约120米的大型塌陷漏斗，深约140米，底部为下层洞地下河。沿陷坑南西侧可沿"之"字形小道穿行到达中层洞南侧宽敞的"南天门"大厅，往前约50米处，为一横跨约50米、高约70米的天生桥，附近尚存废墙基及炼硝池。再深入900米处为直径约40米的另一洞中竖井，需用横绳保护才能通过。竖井底为西北向延伸的地下河支洞，此支洞宽20米，长1400米，大部分被地下河水面覆盖。自900米处竖井往南约1150米再西行400米即到马王洞天坑（又称半洞天坑），天坑西北-东南向，长230米，宽177米，最大深度320米。坑底堆积较多崩塌岩块，表面起伏不平，坑内灌丛、乔木茂盛。天坑西北侧壁高处有高层洞穴，石笋、石柱、石幔、石帘琳琅满目，千姿百态，体量巨大，高达20～30米。

马王洞宽度及高度之大均为国内外洞穴中罕见。前段约500米长的洞穴通道的宽度为80～160米，普遍洞宽均在40～50米，洞段高度达150米，洞穴长度也在7千米以上。全洞发育有4个大厅，自北向南分别为南天门侧大厅（1.45万平方米）、南天门大厅（3.84万平方米）、中段大厅（7200平方米）和南段大厅（1.68万平方米），体量非凡，十分壮观。

洞穴中发育有天坑和较多的崩塌坑。纵观全洞，除规模较大的飞马天坑、马王洞天坑，洞内还发育有6个塌坑，其大小不等、深度不一，成为地壳抬升的有力证据。洞穴下层为现代地下河，在洞穴中段表现较为明显，成为马王洞西北支洞，其他数处塌坑中也有出现，在马王洞天坑东南侧下层洞亦见一小段地下河。洞穴底部平坦，除几个塌坑附近地段为较陡斜坡外，洞底坡度多小于10°。

③鸳鸯洞：位于凤山县城东侧2500米处的峰丛山体山腰上、凤山至东兰公路的左下侧，已进行简单开发并对游人开放。鸳鸯洞发育于中二叠统茅口阶灰岩中。

鸳鸯洞为单洞口洞穴，洞口为北-东北向。平面上洞厅呈不规则的"L"形。厅堂长260米，宽（洞口）45～130米，平均宽度为107米，平面投影面积2.52万平方米；洞穴高7～55.8米，北低南高，北部（含洞口）高7～20米，南部高6～55.8米（大多数大于30米）。洞穴空腔容积

9870立方米，碎石堆体积1269立方米，总容积1.12万立方米，单位长度洞穴容积为4.28万立方米每千米，确是一个巨大的洞穴厅堂。

洞内主要重力水沉积物为钟乳石类，包括滴水沉积的站立式滴石类的石柱、石笋，悬挂式滴石类的钟乳石，片状流水沉积的壁流石类的石瀑布、石幕、石帘等，底流石类的石梯田、流石坝等，天流石类的石旗、石盾，水池沉积类的穴珠、晶花，飞溅水沉积的棕榈叶片、石蘑菇、石葡萄、石珊瑚，以及以上几类沉积作用的复合沉积——协同沉积类的棕榈石笋、蘑菇石笋等沉积形态。各类次生化学沉积物中，滴石类、壁流石类和协同沉积类数量最多、体量最大，构成鸳鸯洞主要的地质遗迹景观。尤其是石笋（包括协同沉积类的棕榈状或蘑菇状石笋），数量和体量是其中的佼佼者。

由于滴水、溅水条件差异或发生变化，造就了千姿百态的各种石笋。数量众多、大大小小的石笋遍布洞内，数不胜数。洞中的石笋，最引人注目的是洞底南部的高大石笋（图6-80），由于滴水、流水及溅水沉积作用的协同或叠置，多数石笋直径变化介于0.5～6米，个别达10米，高度大多为5～15米，最高的石笋高度达36.4米，高度大于10米者有32根，十分雄伟壮观。

④西西里洞：为纪念意大利西西里水文地质研究中心洞穴探险队2003～2004年间在凤山探险而命名，位于凤城镇弄穴屯的坡雄坳长条形洼地东北侧边坡上，测量长度为2308米，总落差156米。全洞投影面积291平方米，总容积为8736立方米。

洞穴平面呈不规则向西北倾斜的"N"字形。为单洞口洞穴，全洞由两层竖井、斜井状通道构成。洞口位于南侧，为一深30米、通道宽3～5米的狭小竖井。竖井底下为第一层洞，站在宽阔的洞口大厅仰望，一线光柱凌空斜射，令人震撼。大厅南北向长90米，宽45～77米，高40～45米，面积约6400平方米，容积约7.9万立方米。

全洞最大的厅堂——"纪念大厅"呈西北-东南向展布，长130米，宽45～80米，高30～60米（西北段为50～60米，东南段为30～45米），

图6-80　鸳鸯洞高大石笋

面积9000平方米，容积为3952立方米。"纪念大厅"内巨型石柱、石笋林立，直径可达10～45米，复合石柱直径更大。这些滴石类次生化学沉积物形态各异，景观十分丰富。壮观的石柱、闪光的方解石沉积晶体和形态各异、色彩斑斓的钟乳石分布于巨大的空间，琳琅满目。

⑤穿龙洞：因其古时候为路人步行入城的必经之道而又名凤阳关，位于凤山县城北侧。乔音河通过穿龙岩洞底东侧边缘底部流向县城，在县城南侧与九曲河汇合。穿龙洞（图6-81）发育于上石炭统浅灰色中、厚层状灰岩中，整个穿龙洞实际上是一个罕见的巨型厅堂。有东北和西南端两个洞口，西南端洞口高程为479米，约在相对高度为130米处有一小溶洞，被称作凤山的"凤眼"。夕阳晚照，满壁辉光，是谓"丹崖晚照"，为凤山八景之一。西南洞口宽约80米，高约30米，其中河床宽约20米，北洞口宽80米，高33米（至河底），东北洞口外西侧绝壁下还可见岩层内丰富的蜓类化石，绝壁脚部发育有大型水平边槽。

洞底堆积物由洞顶崩塌岩块和钙板、冲积物组成，形成高达十余米的岗丘。大厅平面大致呈矩形，长372米，宽96～140.2米，投影面

图6-81　穿龙洞

积4316平方米，高47～60米，一般洞宽132米、高35米（至第二级洞底），容积约1.5万立方米。整个大厅像一个巨大的会议厅，极为壮观，堪称一绝。

两端洞口到处可见悬挂的钟乳石群，个体长一般为30～80厘米，多呈不规则状，形态各异，有的似莲花倒挂，有的似多种动物倒悬，有的似螺旋钻头，有的长有小蕨类植物，以丛聚状分布为主。最长的钟乳石为洞外岩壁上的一处钟乳石群，呈弯曲状向外倾斜，长达1～2.5米。其下另一处钟乳石群竖直向下生长，长1.5～2.5米。自洞厅向北洞口视之，钟乳石悬挂倒影于河中，与巨大的洞口组成一幅动静结合的风景画，颇有诗意。

⑥亮洞：分布于乔音地下河支流流域中，位于凤城镇兴隆村水洞屯地域内。目前对外开放。大厅长271.1米，宽27～7.1米，最高处47.1米（平均45米），投影面积约1.25万平方米。前段为崩塌的岩块堆积，呈小山状，钟乳石类沉积体量也很大，以大石柱、大石笋为主。大厅中后部的3个大石笋基部周长分别为82米、22.8米和21.5米，高度分别大于22米、6.5米和13米。还有几个石笋体量介于此三者之间。此外，一棕榈状石笋生长于崩积堆上，高12.7米，直径1.1米，洞厅中部几个大石笋连成一线，最大者为两个石笋的复合体，基部周长82米，高23米，左侧壁流石高45米，宽20米。洞底局部分布有穴珠、穴球和穴饼。

洞内最引人注目的景观是巨大的洞厅和强大的光柱。洞口宽45.1米、高34.1米，洞口左侧还分布有一个高达32.5米的石柱。强大的光柱自巨大的洞口透过崩积堆上方射入厅内，照亮大厅，射入洞中300米，令人心旷神怡，洞名由此而来。

（2）岩溶天窗

岩溶天窗指地下河或溶洞顶部通向地表的透光部分。凤山县岩溶区内由于地下河长年累月对可溶岩的溶蚀、侵蚀，在地下形成了纵横交错的洞穴通道，往往在断层裂隙密集分布处形成贯通地表的岩溶天窗，如大洞、桑亭、下京里、太平、江洲、三门海等。其中以发育于坡心地

下河出口段（又称水源洞、寿源洞）的三门海天窗群（图6-82）规模最
大，景观最奇特壮丽。

图6-82　三门海天窗群入口

　　三门海是坡心地下河出口洞段，出口位于袍里乡坡心村地域内，是
著名长寿河——盘阳河的源头，因此也被称作"寿源洞"。这里发育有
4个岩溶天窗，其中3个可乘船入内，规模较大，被称作"三门海"。三
门海天窗群及其附近密集分布的地下河、洞穴、天坑、峰丛等地质现象
的系统性、自然性、典型性、完整性使其成为岩溶地质遗迹中的杰出代
表。三门海天窗群分布于坡心地下河出口段的山坡上，发育于距今2.05
亿年的中二叠统茅口阶灰岩中。自地下河出口往西依次为天窗Ⅰ（图
6-83）、天窗Ⅱ（图6-84）、天窗Ⅲ（图6-85）、天窗Ⅳ。其中以天
窗Ⅲ为界，将2400米长的地下河洞穴分为东南段和西北段两段。东南段
为已开发旅游景区的河段，长690米，自地下河出口至天窗Ⅲ附近，包
含4个天窗；西北段称为"犀牛洞"，自天窗Ⅲ西侧至雷劈岩附近的洞
口，长1690米。

　　在已开发的地下河段内，可以在地面看到这4个天窗，如果在地下
河观察，只能看到天窗Ⅰ、天窗Ⅱ、天窗Ⅲ，需要从天窗Ⅲ潜水至50
米处才能进入天窗Ⅳ。3个天窗将此段地下河划分为3段：地下河出口至
天窗Ⅰ的洞段长60米，宽1.6～16米，高2～6米，为已开发洞段中最矮

图6-83　三门海天窗Ⅰ

图6-84　三门海天窗Ⅱ

图6-85　三门海天窗Ⅲ

的洞道，洞顶分布有大小不一的钟乳石，尤其是天窗边壁与洞道交接处，钟乳石悬吊，形态各异。天窗Ⅰ至天窗Ⅱ洞段长92米，横截面呈三角形，是已开发洞段中最宽、最高和光照条件最好的洞道。洞宽25～40米，高24～27米，洞内东北侧洞壁上部分布有大型钟乳石，构成"龙虾戏水""双狮观海"等景点，两头为豁然敞亮的天窗。天窗Ⅱ至天窗Ⅲ间的洞段称为"相思洞"，长约70米，洞宽20～25米，局部"喉道"处缩为2～3米，高3～8米，由于洞道较矮，两头光线难以透入，洞内一片漆黑。天窗Ⅱ绝壁下的洞口宽2.5米，高为1.5米，水深7.5米，先是进入"洞房花烛夜"地下湖，地下湖面积约1600平方米，水深17～20.5米，水温20℃，后到达近天窗Ⅲ的洞段。天窗Ⅲ后为犀牛洞，其总体上往北–西北向延伸，出口在三门海至平乐的公路边。

这4个天窗中，天窗Ⅰ、天窗Ⅳ分布于飞龙洞东北洞口下呈东北60°展布的宽槽中，天窗Ⅱ、天窗Ⅲ则切割了所在的山体。

天窗Ⅰ是4个天窗中规模最大的，呈浑圆状，东西长106米，南北宽98米，由近东西、东北、西北向三组节理交汇处塌落而形成。天窗内的地下河水域被称为"玉妆湖"，湖水清澈，面积4900平方米，平水期水深18米。四周均为悬崖峭壁，以南、北两侧绝壁最高，分别达45米、54米（至水面）。南侧绝壁大部分被茂密的灌丛和杉木覆盖，局部露出基岩且发育有一个小洞穴，洞口高出水面25～30米，与林那洞洞口遥相呼应。南侧悬崖近水面处有数处直径0.8～1.5米、表面长有青苔的钟乳石，造型奇异，颇似动物伸长脖子欲汲水。北侧有大叶榕生长于钟乳石上，向下生长，直扎岸边的淤积泥土中，造型优美，此即"连天接海"景点，堪与洞顶悬挂的钟乳石媲美。东南侧峭壁下钟乳石累累，直径达1～1.5米，颀长的钟乳石尤为醒目，有的似"双龙戏水"，更多的是成群的小钟乳石，犹如一把把锋利的宝剑刺入深潭中，构成"利剑穿碧海"景观。此天窗特色为直径最大，深度最小，壁上钟乳石最多，受控于节理构造最为显著，周壁藤类植物最多。

天窗Ⅱ的"窗口"形状主要受东北、东西向节理控制而呈不对称椭圆形，大小为5100平方米，底部水陆各半。北半部为由崩塌碎石和山上冲下的砂土组成的向天窗内倾的斜坡，坡上生长有竹子、芭蕉及其他乔木、灌木。南半部为水域，面积为1980平方米，被称为"莲花湖"。平水期湖面面积1500平方米，水深约19米。西南侧洞顶上有钟乳石悬吊，集群分布，颇似"百鸟朝凤"。一形似绵羊的较大钟乳石垂至水面，构成"绵羊汲水"的景点。东南侧与洞道交接处分布的流石，侧观似大象，前视若恐龙，湖面不时见有大鱼跳跃，生机勃勃。天窗最浅处位于西北侧与洞道连接处，深度只有6.7米，天窗最大深度为98米（从东侧山顶至水面），北侧山峰绝壁最高，局部粘附有碎石堆，峭壁上灌丛密布，有猕猴群出没。南侧植被为乔木与灌丛。

此天窗底部洞壁上"生长"有一群群直径3～10厘米、长10～25厘米的小"钟乳石"，其实是石灰岩中燧石团块溶蚀残余的结果。这些是异因同形、差异溶蚀地质遗迹的典型代表。

天窗Ⅲ与天坑类似，切割了山顶和峰坡，窗口呈不规则椭圆形，天窗内湖名为"金银湖"，平水期湖面长52米，宽43米，水深14～24米，水温约21℃，湖水呈蓝绿色。该天窗为二次崩塌而成，在地表可见东北端形成二级绝壁。天窗东侧最深，达118米（山顶至水面），最浅处位于天窗Ⅲ通往天窗Ⅱ的洞口处，为20米。与犀牛洞口交接处旁边发育有壁流石，洞壁流痕窝穴明显，树根紧贴钟乳石分布，悬垂至贴近平水期水面。天窗周壁（尤其是上部）灌木茂密，生意盎然。西侧山峰绝壁高耸，东侧山峰峭壁上林木葱茏。

天窗Ⅳ在地表，位于天窗Ⅲ南侧约60米处，西侧约100米处为飞龙洞洞口。天窗呈漏斗状，窗口宽1462米，边缘很陡，难以进入，因此看不到水面，推测深度约60米。

（3）穿洞

凤山县岩溶区分布有较多的穿洞，除少数规模较小外，大多具有较大的体量。

①飞龙洞穿洞：飞龙洞亦称穿龙洞（图6-86），位于三门海景区天

窗Ⅲ、天窗Ⅳ的西南方，其东北端洞口距天窗Ⅳ只有120米。发育于下二叠统茅口组厚层块状灰岩中，处于北西北–南东南向斜翼部的构造部位。

飞龙洞穿洞为马王洞洞穴系统的一部分，以体量巨大而著称。往西南方向依次为飞马天坑、马王洞东北端洞口（又称"南天门"）。飞龙洞呈东北东–西南西向展布，东北洞口位于悬崖绝壁下，宽61.6米，高53.6米，海拔为490米。洞口内有巨大的崩塌岩块及向内倾斜的斜坡，坡角达35°～38°，斜坡下为一漏斗形深坑，深坑西北侧为绝壁，中心为一地下河天窗，长20米，宽8～10米，与坡心地下河连为一体。站在洞口即可明显看到一汪深潭，往西南端还可看见南天门巨大的洞口。此处地下河天窗可撑竹排向南北两端划行各约50米后便无法通行。可沿深坑东南边爬坡到达西洞口。南洞口宽50米，高60米。全洞宽44～61.6米，高53.6～150米，水平长度192.5米，投影面积1.09万平方米，容积为2.7万立方米，单位长度容积达13.91万立方米。

飞龙洞穿洞洞壁、洞顶上有钟乳石发育，西北洞壁上的钟乳石造型奇异，似龙爪般垂吊，西南洞口上的钟乳石似各种各样的动物，两侧洞壁上生长有灌木，它们为洞穴增添了不少生气。在洞中往两处洞口仰视，有不同的景观效果。

②社更穿洞：发育于上石炭统马平组厚层状灰岩中。位于坡心地下河出口西北侧约1.5千米的社更那孟屯南侧山坡上，洞口十分宏伟（图6-87）。当地人称社更天生桥，其实由于其缺乏桥的形态，只能划为穿洞。该洞亦以体量巨大见长，呈北西北–东东南向，高出坡心至江洲公路路面约50米，社更到弄残的简易公路穿洞而过。西北洞口高程为480米，宽142米，高60米，东南洞口宽78米，高76米。穿洞测量长度为239米，水平长度为220米。洞顶上方为峰丛山体及垭口，洞顶厚度为25～100米。通过洞壁上的指向流痕判断，古水流由南流向北。洞顶上崩塌痕迹十分明显。

穿洞顶部钟乳石不太发育。北段洞底堆积有较多的崩塌岩块，岩

图6-86 飞龙洞穿洞

图6-87 社更穿洞

块上又生长有4座巨大的石笋，十分壮观。穿洞北侧见一长130米、高0.5～3米、厚1.5～2米的古城墙。从公路边远眺，穿洞顶部奇峰耸立，拱洞犹如一座雄伟的城门，城门两侧的7座山峰犹如一道铜墙铁壁。在马王洞东北洞口附近俯视，又是另一番景象。自北洞口向外望，洞口高大，前方延绵的碎屑岩山岭尽收眼底。自南洞口向外望，峰丛簇簇，错落有致。站在洞中，远处群山尽收洞内，可谓"洞中有山，山中有洞，洞中有路"，犹如一幅美丽的山水画。此外，在南洞口附近还发现有早期河流堆积物。

此外，在凤山地质公园北部的松仁谷地、下京里峰丛山体上，以及兴隆、湾河等地均发育有穿洞，它们分布在不同高程上，形态各异，与所在的山体共同组成月亮山、象鼻山等象形景观。

（4）岩溶天生桥

凤山园区范围内的天生桥主要有江洲仙人桥（图6-88）、蚂拐洞天桥、马王洞洞中天桥等。

①江洲仙人桥：俗称"拉弓桥"（壮语意为"下拱桥"），是一座雄伟壮观的岩溶天生桥，位于凤山县南部江洲瑶族乡江洲村和凤平村交界处，距江洲乡政府驻地约2.5千米，凤山至江洲的公路穿桥拱而过，

图6-88　江洲仙人桥

公路东侧为切深10～20米的小河。桥底公路处海拔为524米。该天生桥地处江洲边缘坡立谷上游，发育于上石炭统黄龙组浅灰色厚层含生物碎屑灰岩中。天生桥为西北-东南向横跨两座山梁，外形颇似一个恐龙或乌龟伸长脖子与东端山体亲吻。

天生桥高64.5米（从公路下古谷地地面算起，若从现今仍在下切的河底算起则高达75.5米），拱孔高46米（从古谷地地面算起），桥厚18.5～24米。桥的东、西两端宽度较大，分别为110米、72米。桥中部宽38～42米，拱孔跨度144米，是目前我国已发现天生桥中跨度仅次于广西乐业仙人桥（跨度177米）的天生桥。

天生桥顶的西南侧有较多弯曲枝状的钟乳石，造型各异。天生桥中段、拱孔东南端东侧及西北端东北侧的地面上堆积有较多的巨块崩塌岩块，最大直径约60米，西北端堆积岩块已为钙质胶结；天生桥下东南端发育有壁流石，壁流石后面为一洞穴，洞内钟乳石较发育；西北端有钙华沉积层，厚约3米，层理清晰，底部见一层夹有灰岩角砾、厚约50厘米的钙华层，角砾大者8米，小者80厘米，钙华层略具坡状，明显受堆积地形所影响。

桥下为源自南部碎屑岩区地表水流的一条小河，由于地壳抬升，小河切深达9～15米，河道呈上宽下窄的"V"字形，顶宽9～15米，底宽2～5米，长年流水，枯水期水深1～2米。河水潺潺北流，上游较窄，下游变宽，2千米后注入江洲地下长廊——蛮肥洞的下层水洞中。天生桥北侧桥下是明代建筑物"永宁寺"遗址，有光绪三十四年立的"百色分司王"石碑。现存一土墙庙宇，面积约100平方米。庙后面为一长约80米、宽10～15米的洞穴，洞内钟乳石较发育。

②蚂拐洞天桥：位于平乐乡平旺边缘坡立谷南端谷地近山脚下，其东侧约20米处为蚂拐洞天坑及蚂拐洞洞口，三者均发育在上二叠统中厚层状灰岩地层中。距江洲乡政府驻地约15千米，坡心至江洲公路从桥面通过，是名副其实的天然桥梁。桥顶高程约为640米。天生桥总高68.2米，拱孔高度57.1米，桥厚11.1米，桥宽10米（也是公路宽度），拱孔

跨度36米。

天桥东、西两侧为原蚂拐洞河道崩塌贯通的深沟，西侧深沟直通蚂拐洞天坑。需要下车绕到蚂拐洞天桥东侧才能欣赏该天桥的风姿。虽然桥的总高达68.2米，但由于拱孔位于谷地地面以下和外形呈三角形而非弧形，以及北侧堆积崩塌大岩块，在视觉上削弱了景观体量和美感，但正是这些现象使蚂拐洞天桥成为展示地质作用的珍贵遗迹。

此处天桥、天坑、大洞口连成一线，集中分布，附近又有异常平坦的大型边缘坡立谷——平旺谷地，这些景点分布在通往江洲公路线的两侧。

（5）岩溶泉

凤山县岩溶区分布有20余处岩溶泉，其中鸳鸯泉（图6-89）为常年泉，且流量具一定规模，其余为季节性泉，流量较小，多为表层岩溶带的泉水，为人、畜用水水源。从美学景观角度上看，只有县城附近的鸳鸯泉具有较高的旅游观赏价值。

鸳鸯泉又名鸳鸯湖、公母塘，自古就为凤山"八景"之冠，位于县城东部约1.5千米处的凤凰山下洼地中，是两口相隔20多米、水色一清一浊的泉潭。海拔为495米。这两眼泉为九曲河的源头，出露于中二叠统栖霞组厚层块状灰岩中，地处一轴向为东西向的背斜倾伏端。枯水期两泉总流量为0.2米³/秒。晚清名士罗云锦留诗赞曰："鸳鸯湖水映碧天，岸柳曳风花自香。识得此中真福地，更于何处觅仙乡。"1945年，凤山"鸳鸯湖"被收入中华书局出版的《辞海》之中。

鸳鸯泉两眼泉水为常年泉，自凤凰山脚下流出，约在20米处汇合形成九曲河，自东向西蜿蜒，穿过县城汇入乔音河。从高处观景，鸳鸯泉犹如一蓝一绿的两颗宝石镶嵌在聚宝盆中，而九曲河则蜿蜒如青罗带于洼地之中向县域悠悠西飘。

左泉（南泉）呈圆角三角形，较小的"顶角"端为流出端（240°方向），三角形高30米，底边21米，潭水略显浑浊，底部生长较多水草，泉水深度远大于4米，被当地群众称为"公塘"，枯水期目估流量约为0.02米³/秒。右泉（北泉）呈浑圆形，长30米，宽24.1米，水色清澈，游鱼历历可数，被当地群众称为"母塘"，枯水期最大深度目估3～4米，泉底周边生长水草。2004年10月中旬目估流量约0.4米³/秒。西北侧、东侧岩层发育走向分别为310°、10°的节理组，泉点位于两组节理交汇处。

图6-89 鸳鸯泉

（6）峰丛洼地

峰丛是指联座高大于总高三分之一的峰林，峰与峰之间常形成"U"形的马鞍形地貌。峰丛洼地则指峰丛与洼地的组合地形。峰丛是我国西南岩溶区地表最显著、分布最广泛的正向地貌形态之一。凤山园区内外的峰丛洼地以形态典型的高峰丛深洼地为特色。

①乔音河流域的峰丛洼地：分布面积为723平方千米。随机统计其中的63个洼地，结果发现峰丛顶点高程为605～985米，大部分高于800米，峰体多呈锥形，圆润秀丽。洼地平面形状多样，以浑圆状及长条形为主，底部高程为405～838米，最大深度为116～545米。在统计的63个洼地中，41.3%深度为200～300米，33.3%深度为300～400米，17.5%和7.9%深度分别为100～200米和400米以上。湾河、岸河一带和弄者等地为名副其实的高峰丛深洼地，洼地深度达350～545米。

②良利-仁安峰丛：形态秀丽，为典型的圆锥峰，峰顶相对较尖，基部直径为100～300米，相对高度100～400米，坡角较陡，达50°～70°，峰顶高低错落有致，层次分明，是圆锥状峰丛的典型代表（图6-90）。经近年封山育林，山坡上灌木与小乔木已呈茂密态势。洼地多呈圆形、椭圆形或长条形，直径100～500米，长条形者长度在700米以上。

图6-90　良利-仁安峰丛

③内龙桃源洼地：位于凤山县城北偏西方向，其西南端与穿龙岩相接，这里四面环山，洼地宽敞，有一种世外桃源的感觉，前人曾有"路入岩中别有天，人间佳景异桃源"之赞，因此又被称为桃花源（图6-91）。洼地平面上呈浑圆形，直径450～500米，洼地底部高程除西侧小岗上为490～506米外，大部分为483～490米，为平坦宽阔的农作区。洼地西南端为穿龙岩高大的北洞口，在北端为水帘洞，东有源于鸳鸯泉

的九曲河，西有巴旁河汇入。这两条河流在县城西南侧汇合成更大的乔音河，然后南流至恒星谷地，再潜入京里伏流段。

图6-91　桃花源洼地

（7）谷地

①凤城谷地：呈西北-东南向展布，呈不规则的中凸瓶状。底部高程为474～490米，谷地宽阔平坦，宽40～900米，长2千米，周边为陡峻的峰丛。山顶高程为615～952米。西侧边缘不远处即为碎屑岩山体。站在周边山顶上或从南侧边缘山腰上的云峰洞北洞口俯视，九曲河、乔音河、巴旁河"三龙"相会，蜿蜒而过，谷地上楼宇鳞次栉比。

②平旺谷地：位于凤山县城西南侧、三门海景区西北侧（图6-92），距平乐乡政府驻地南侧约1千米。凤山至江洲公路绕其东北、西侧边缘而过。

谷地视野开阔，平面呈不规则的葫芦形，长约1.5千米，宽约1千米，总面积约1.5平方千米。谷地十分平坦，底部高程604～609米，

图6-92 平旺谷地

是凤山县境内底部最平坦的谷地。其北侧为三叠系碎屑岩山地，海拔730～1000米，其余的东、南、西三侧为由石炭–二叠系厚层、块状白云岩、石灰岩组成的秀丽峰丛山体，海拔730～1000米。平旺河自北部的平乐谷地进入，蛇曲般流淌于谷地西侧，在中部有溪水汇入，最后于南侧边缘潜入地下。

（8）岩溶天坑

凤山县发育有一定数量的岩溶天坑，全部属于岩溶塌陷天坑。凤山园区内主要有三门海景区附近的飞马天坑、马王洞天坑、蚂拐洞天坑、弄乐天坑、社更天坑等。其特色是切割了所在洼地面或峰坡、峰顶，表明其形成时间要比这些地貌年轻。通过对天坑形成条件、分布规律的研究，可以获取古、今地下河行迹分布，岩溶含水层性质及演化，第四纪地壳抬升速率等诸多方面的科学信息，对研究地下河发育演化、水资源开发、新构造运动等有重要的学术意义和实用价值。

①飞马天坑：位于三门海景区飞龙洞与马王洞之间，故得名。坑底最低高程为480米。飞马天坑平面呈近五边形，长轴东北–东向，长270米，宽160米。天坑口地面高程为555～755米，坑底最低点高程为490

米。天坑切割了洼地、峰坡及飞龙洞、马王洞。其西北、北、东北部分切割了洼地，形成了悬崖绝壁，深度只有30～100米；西南、南、东南部分切割峰坡，深度较大，达110～260米，但因堆积有崩塌岩块和山上冲入的泥沙，边坡上陡下缓，加上北侧切割洼地，从视觉上看，并不显得十分深邃。坑底地形为西南高、东北低的斜坡，西南、北东各连着马王洞和飞龙洞巨大的洞口。坑底植物繁盛，以灌丛为主，野生芋、海芋点缀其中，其宽大的叶子格外引人注目。

②马王洞天坑：位于马王洞南段东西向洞道与西北向洞道交接处，因此又称半洞天坑。平面呈圆角三角形，西北–东南向长225米，宽80～180米，深320米。东北侧壁下为高达152米的马王洞洞口，自洞口顺一长约160米、坡角为45°～50°的斜坡才能下到坑底，然后又爬上近80米、坡角为35°的斜坡进入马王洞另一端洞口。绝壁高耸，洞口巨大，仰望一方蓝天，可体验"坐井观天"之意境。天坑底部堆积大量崩塌岩块和黏土而呈起伏不平状，中部、东南端各有凹坑。底部生长着茂密的灌丛，穿越底部约需1小时。东北侧有石砌小路通坑口地面，据说曾有人居住于此。

③蚂拐洞天坑：位于平乐乡政府驻地南侧约1.7千米、平乐乡标村西北方约250米处，离平旺谷地南端只有150米，坡心至江洲公路傍天坑东南端而过。天坑直径为130～150米，地表最高点位于西北端，海拔为675米，天坑底部最低点为550.7米，天坑顶部最低处在东南端，海拔为600米，故天坑最大深度为124.3米，最小深度为50米。天坑四周绝壁环绕，西北端发育有巨大的蚂拐洞洞口。天坑东西端为蚂拐洞天生桥，与蚂拐洞遥相呼应（图6-93）。天坑内灌丛茂密，分布于坑底东北侧的一个巨大岩块挺立其中，目估岩块长15米、宽10米、高20米许，体量巨大。

④弄乐天坑：位于凤山县袍里乡弄仁村弄乐屯西侧约300米处的洼地中。从水源洞到天坑水平距离约3千米。天坑发育于石炭系马平组浅灰色厚层状生物碎屑灰岩中，岩层呈产状，平缓，一般坡度为5°～10°。弄乐天坑平面上呈椭圆状，南北向长150～180米，东西向宽

图6-93　蚂拐洞天坑

100～120米，四周均为绝壁。南、北两侧为山峰，高程分别为706米、969.6米；东、西两侧为垭口，天坑东壁深80～100米，西壁深约80米，北壁深约180米，南壁深约130米，从两垭口攀树而下可达坑底。

坑内见两层洞穴，洞底高差约20米。下层洞位于天坑底部，上层洞位于天坑半腰。下层洞发育两个洞口，东壁北侧的洞穴高约40米，宽20～25米，洞口朝向西南，洞顶分布少量钟乳石，该洞有可能通到水源洞的地下河。东南侧洞穴洞口朝西北，洞口高约30米，宽15米，少量钟乳石垂吊于洞顶。该洞可能与弄乐屯东南侧约1500米洼地的黑洞相连。从天坑西垭口攀树下到坑底，沿该洞行约1个小时即到黑洞。上层洞穴分布于从天坑西壁往下约50米的山腰上，洞高20米，宽8～10米，洞顶钟乳石不发育。

在天坑西垭口可看到坑底。坑底林木茂密，除树木外，尚有野芭蕉、野芋苗及杂草类。天坑坑口周边生长着茂密的乔木，从半山腰往洼地看，环绕天坑边生长的乔木带形如美丽的大花环。下入坑底，抬头仰望，湛蓝的天空中白云悠悠，景色绝佳。

⑤社更天坑：社更天坑与社更穿洞南端洞口相接，其切割了峰丛山体峰顶、峰坡和洼地，口径110～130米，最大深度115米。周壁大多似斧劈般陡峭。从其分布于"南天门"和社更穿洞连线上及穿洞内流痕所示的古水流等遗迹判断，三门海地下河曾经往社更穿洞方向流过，社更穿洞很可能为当时的地下河出口。

（9）竖井

竖井指一种垂向下呈深井状的通道，深度由数十米至数百米。因地下水位下降，渗流带增厚，由落水洞进一步向下发育或洞穴顶板塌陷而成。竖井常与水平、斜向洞道连在一起，构成复合型洞穴。凤山岩溶区内发育有一定数量的竖井，坡心河片区及乔音河片区都有分布。

拉古沙竖井是为了纪念西西里洞水文地质研究所（位于拉古沙镇西1千米）的探险队而命名。此竖井位于凤山县城东南东侧约3.5千米处，井口高程为666米，总落差为115米，水平投影长度为202米。

拉古沙竖井结构较为简单，由2段竖向通道和2段斜向通道组成，洞口竖向通道深34.2米，直径为28.5米；往下依次为54.5米长的陡斜坡（高8～9米）、28.8米深的竖向通道（直径约7米），最后为约9米长的斜向通道（高2.5～8米）。洞内有少许体量较大的流石和石笋。

凤山县洞穴内外都有竖井分布。洞内竖井以江洲地下长廊和马王洞发育得最为典型，地表竖井还有连着江洲地下长廊的日光竖井、弄怀竖井、龙石竖井、凤山竖井等，公园范围外也有不少竖井，如林峒乡甘家竖井等。

（10）象形山石

由于可溶性岩石——碳酸盐岩长期受雨水溶浊、侵蚀，加上生物作用，凤山园区内有许多象形山石，分布也比较普遍。比较有观赏价值的象形山石主要有阴阳山（鸳鸯山）、雷劈石和美人山等处，象形山石体量巨大，惟妙惟肖。其成因大致为地质构造——溶蚀类、生物岩溶类。溶蚀类占绝大多数，可作为研究地质构造活动和岩溶分期，或研究石峰演化（平行后退）等课题的依据。

①阴阳山：亦称鸳鸯山，位于江洲瑶族乡东泥村东泥大洼地两侧，距平乐、江洲各约1千米。山体由石炭系黄龙组与马平组浅灰色中–厚层状含生物碎屑灰岩构成。阴阳山由阳山和阴洞组成，海拔约为540米。阳山位于东泥洼地东南角凤山至江洲公路边的山坡上，山形呈棒状，似阳根挺立，座底直径100～150米，座底海拔625米，往高处直径渐小，相对高度为171.9米。阴洞洞口位于东泥大洼地西侧高150米的小山峰绝壁上，形似女穴，洞口高度约为山峰高度的一半，呈透镜状，与阳山隔着东泥大洼地相望（图6-94）。

图6-94　阴阳山

东泥洼地平面呈东北–西南向排列的葫芦形，两端膨出，俗称为东泥大洼地和东泥小洼地。小洼地长约500米，宽250米；大洼地长650米，宽500米。周边大多为陡崖或陡坡，底部总体平坦宽阔，河流切割成的沟谷处稍陡，大部分已辟为农田或耕地，缓坡上种植经济林或果树。

坡心地下河支流在东泥大洼地西侧的阴山脚下涌出，绕洼地底部流淌。河面宽3～5米，水深0.5～2米，水体浑浊，切过洼地中部潜入洼地北侧边缘山脚下长约3千米的马约泥洞中。从公路向洼地底部俯视，河流如黄色的彩带飘逸于洼地底部。站在东大泥洼地北端南望，壮硕挺立的阳山与惟妙惟肖的阴洞相对，底下为一片绿油油的庄稼，阴阳耦合。地下河从西侧山脚下的东泥洞冒出，蜿蜒奔流，回归悬崖下的地下河——马约尼洞中。旷远的簇簇峰丛，无论是远观还是近看，都令人赏心悦目。

此处，洼地底部巨厚的泥沙堆积及河流切割、阴洞位居高处等种种遗迹表明，原先洼地面位于同一高程的阴洞已随着地壳的隆升被抬到了高处。

②雷劈岩：位于三门海西北方600米处的三门海至江洲公路边上，底部高程为430米。此处石峰边坡的岩块被雨水沿垂向裂隙溶蚀扩大，形成宽的溶沟。临空面为垂向裂隙面，大溶沟及临空面好似被雷劈般平直（图6-95），被隔开的岩板孑然耸立，高约70米、宽15米、厚4米，它在民间有"仙人架桥为民造福"的传说。附近岩层中普遍可见一组密集的垂向裂隙，可以预见，随着时间推移，这些垂向裂隙受含二氧化碳的雨水的溶蚀将不断扩宽，将会发育出更多的"雷劈岩"。雷劈岩是石峰平行后退变化方式的最好例证。

③人面石：位于松仁村东南美人山旁的一处石壁上，由于差异性溶蚀作用，形成了睁着大大的眼睛的人面图案，似乎在侧耳倾听天籁之音，十分逼真（图6-96）。另外，巴标村的鹰王山（图6-97）、江洲村的狐狸山（图6-98）等，均妙趣横生，是园区内重要的旅游景点。

图6-95 雷劈岩

图6-96 人面石

图6-97 鹰王山

图6-98 狐狸山

除上述旅游资源之外，广西其他国家级、省（自治区）级地质公园见表6-6。

表6-6 广西国家级、省（自治区）级地质公园简表

级别	项目名称	获批时间	规模（平方千米）	旅游资源特色
国家级	广西资源国家地质公园	2002年2月	125.00	国内少见的丹霞地貌奇观，另有硅质岩景观、宝鼎瀑布、资江的衬托，景色非凡
	广西涠洲岛火山国家地质公园	2004年2月	38.31	中国最年轻的火山岛，具火山喷发标志景观、海蚀、海积、珊瑚岸礁地貌，天主教堂，等等
	广西鹿寨香桥岩溶生态国家地质公园	2005年8月	41.07	香桥、响水瀑布、九龙洞、中渡古镇、塌陷群等
	广西大化七百弄国家地质公园	2008年8月	486.00	高峰丛深洼地、岩溶奇峰怪石、红水河沿岸风光等
	广西桂平国家地质公园	2009年8月	187.83	白石山、大藤峡丹霞地景观，西山花岗岩环形影像和崩塌叠积型地貌景观，佛教文化
	广西浦北五皇山国家地质公园	2011年11月	40.00	典型花岗岩球状风化的石蛋地貌，岩石具象程度极高
	广西都安地下河国家地质公园	2014年1月	219.00	136个地下河天窗，素有"世界第一天窗群"之称，另有小石林、奇峰绝壁等
	广西罗城国家地质公园	2014年1月	81.90	岩溶地质地貌奇观如睡美人山、月亮山和武阳河水体风光等
省（自治区）级	广西东兰地质公园	2018年4月	100.00	拉甲山岩溶风光（月亮山、列宁岩）、地下河、魁星楼、韦拔群故居等
	广西全州雷公岭国家矿山公园	2010年5月17日	3.60	采矿场、采矿洞、探槽、采矿选矿设备、冶炼工艺、矿业制品、宝塔、三江口等
	广西合山国家矿山公园	2010年5月17日	18.30	100年采矿历史留下的矿业遗迹，与周围自然人文环境构成煤矿特有的景观

续表

级别	项目名称	获批时间	规模（平方千米）	旅游资源特色
省（自治区）级	广西那坡玄武岩地质公园	2001年7月	11.00	枕状玄武岩群、金龙岩，以及黑衣壮歌舞
	广西金秀大瑶山地质公园	2010年1月	363.00	莲花山典型丹霞地貌奇观、原始森林、瀑布、杜鹃花海等
	广西灵川海洋山地质公园	2011年10月	27.00	石林、穿洞等岩溶景观，以及瀑布、峡谷、大圩古镇、古建筑、南边村剖面等
	广西灌阳文市石林地质公园	2012年12月	50.00	剑状石林、天生桥等喀斯特地貌，以及文昌阁、古民居
	广西环江文雅地质公园	2012年12月	49.90	天窗群、穿洞群、天坑群、峰丛、峰林、坡立谷等
	广西阳朔遇龙河地质公园	2013年12月	144.16	遇龙河岩溶风光、少数民族风情
	广西容县都桥山地质公园	2014年12月	36.22	丹霞地貌之奇峰、洞穴、奇石，以及佛教、道教、儒家文化等
	广西融安大良地质公园	2014年12月	25.21	具有1个大型、2个中型天坑系统，四出五入的地下河系统，六水洞、七旱洞洞穴系统
	广西田东地质公园	2015年10月	67.14	峰林、响水河风景，平行大节理塑造的棋盘滩
	广西平果县平治河地质公园	2017年9月	100.00	一组洞（敢沫洞等）、一条河（平治河）、一群山（月亮山等）

第七章

广西盆地经济、社会的发展与展望

广西区位优越，南临北部湾，面向东南亚，西南与越南毗邻，东邻粤、港、澳，北连华中，背靠大西南，是西南地区最便捷的出海通道，也是中国西部资源型经济与东南开放型经济的结合部，在中国与东南亚的经济交往中占有重要地位。

一、广西盆地经济发展

广西盆地要充分发挥有色金属之乡的潜能，大力发展以有色金属为原材料的现代化、智能化、产业化经济，群策群力推进广西工业化进程。具体实施要结合各市（县）实际，发挥产业优势，资源、文化优势，在实践中实现工业腾飞和发展。

广西地处亚热带季风气候区，夏季时间长、气温高。地势较低处大力发展茶叶、玉米、木薯、甘蔗的种植和制糖业及副食品加工业。广西盆地内的各个平原区是广西米粮仓，应发扬科学种田，实现水稻稳产高产。

山林环绕的广西盆地，其山坡、丘陵种植经济不宜采用大规模机械种植的方式，而应往林业、果业等方向发展。

广西石灰岩集中分布于桂西南、桂西北、桂中、桂东北，形成神奇的岩溶地貌，独具魅力，吸引国内外游客前来观光、考察。

广西历史文化遗迹甚多，如桂林靖江王城、贺州黄姚古镇、大圩古镇、扬美古镇、平南大安古镇、兴安古镇……数不胜数，古色古香，各具特色，具有较高观赏价值和研究价值，是广西旅游业发展的重要资源。

广西有11个世居少数民族，壮族、毛南族、侗族、苗族、瑶族、仫佬族、京族等民族杂居。旅游产业的兴旺带动了广西文化产业发展，使旅游和民俗文化产业相互交融渗透。广西独有的"三月三"，以其神秘独特的魅力吸引着游客的目光，从而由旅游带动了当地经济的发展。

二、各类资源开发与建议

（一）地质矿产资源

广西素有"有色金属之乡"的美称，矿产资源比较丰富。矿业如何实现可持续发展，根据2017年国际矿业大会精神，"在矿业开发中，要落实'三个珍惜'，即珍惜资源，珍惜资源国，珍惜资源地民众"。遵循"矿业发展的公平正义是利益共享，资源能源是人类共有财富。在矿业发展进程中，要寻求合作最大化，实现普惠发展。要树立共商共建共享的全球治理理念，为构建人类命运共同体做出矿业界应有的贡献"的新目标，"弘扬丝路精神，共促矿业繁荣"。

广西矿业应紧跟国家矿业大形势，要走出去，抓住全球发展的四大机遇。

第一个机遇是供给侧调整，推动矿业供求再平衡。展望未来，全球经济可能延续复苏态势，中国经济有望保持平稳、快速增长。供给侧改革的去产能进程将进一步影响矿业的供需关系，因此要加快低端产能的清出，提升行业龙头企业市场份额，去杠杆进程也有利于降低大型企业债务负担，巩固龙头企业的市场竞争力。

第二个机遇是资源能源环境保护提升矿业进入门槛和行业集中度。日益严格的环境保护政策将对矿业行业格局产生重要影响，一定程度上将强化"优胜劣汰"，因此要加快低端产能的退出，提升矿业进入门槛，促进矿业供求再平衡，巩固龙头企业的市场地位。

第三个机遇是新一轮技术革命及产业化对矿业影响深远。新能源、新一代信息技术、3D打印、新材料和人工智能等新一轮技术革命及其逐步产业化已经或即将对全球矿业的供求格局、行业结构和生产组织方式产生深远影响。新能源技术大规模应用，一方面影响到传统能源的供求格局，另一方面也增加了对新兴矿产品的需求。新一代信息技术、3D打印等技术推动了相关战略性新兴产业的快速发展，提高了对小品种的有色金属和稀有金属的需求。人工智能技术创新应用也对全球矿业的生产方式产生了重要影响。

第四个机遇是"一带一路"倡议为矿业跨区域资源配置提供了战略性的大平台和机遇。"一带一路"建设涉及基础设施互联互通，沿线能源、输电、铁路、光缆、卫星信息等基础设施建设可能有所提速，这将有力地拉动相关产品，比如钢材、铜、煤等产品的需求。"一带一路"倡议还增强了区域内政治互信和商利融合，降低了矿业企业跨境经营风险，促进了跨境产业合作和国际化发展。

在矿业发展过程中必须保持清醒的头脑，需要稳中求进。矿业发展的内生动力是持续创新。全球矿业发展的今天，推动力绝对不仅仅是拥有资源，更要拥有找矿、采矿的技术，特别是对资源禀赋不足的地区而言，技术更显重要。尤其在新能源技术革命浪潮中，更需要有能适应新形势、掌握新科技，探索新能源、新技术的人才。实现智能化生产全过程，让辛苦、危险的行业改革为轻松、安全、令人向往的行业。

2017年国土资源部（现为自然资源部）有关领导对中国矿业提出三点希望，同样适用于广西：一是找准目标定位，提升中国矿业国际竞争力；二是加强自身建设，健全服务保障体系；三是拓展合作网络，发挥桥梁纽带作用。具体到广西目前的矿业振兴之路，应大力推进有色金属铝、铅、锌、锡、锰的开发，提高矿产品质量，增强市场竞争力，走出去，走稳每一步。紧跟国际形势，加强稀有稀土、放射性贵金属矿产资源的探寻与开发，支持高新科技产业，加强产品升级改造研究，赶超世界先进水平。如广西藏量最大的石灰岩，其碎石近期仅每吨30～50元，而纳米级或以石灰岩为原料的轻质碳酸钙，其经济效益高达每吨6000～9000元。因此，必须进行深度研究和开发。走出去要找准目标，采取灵活机动的战略战术，才能取得较好的社会效益和经济效益。对暂未开发利用的矿产资源，严禁破坏、滥采滥伐，要从长远利益考虑，等待机遇。

（二）水资源

广西盆地淡水资源丰富，用途广泛。要保障持续用上清洁水源，必须做到保护好水资源周围的环境，防止水资源污染，科学利用水资源，为人民造福。利用法制化管理管好淡水资源，无论是地表水，还是地下水、矿泉水、温泉水的开发，必须经过科学论证，避免水资源不必要的浪费，保证有限的淡水资源能发挥更好的效能，取得更高的社会效益、环境效益和经济效益。海洋资源方面，广西是国内唯一临海的少数民族自治区，有1595千米海岸线，面积在500平方米以上的岛屿有651个，0～20米深海域有6488平方千米，滩涂面积1005平方千米，大小渔港23个，如今开发利用情况较好。滩涂资源开发，关键是增强保护滩涂生态环境观念，保护好红树林、海岸防护林，禁止污水乱排放。海水养殖、海洋水产捕捞严格遵守"休渔期不下海捕鱼"等制度。海岸观光、海岛旅游坚持自身特色，遵循安全生产原则，在发展旅游的同时，赢得较好的社会效益与经济效益。海滩盐业生产抓住时节机遇，生产高质量海盐，赢得较好的经济效益。另外，应加强海洋风能及海水流动力能的研究与开发，获取更多清洁能源，为人民服务。

（三）农业生产

广西地处亚热带，北回归线从中部呈东西向穿过。因广西盆地地质构造复杂，地形起伏较大，山区和丘陵区形成较多小气候区，气候资源比较丰富，为发展特色农业生产提供了优越条件，如百色盆地杧果、灵山荔枝、大新龙眼、横县茉莉花等。平原区要珍惜耕地资源，加强气候及当地土壤研究，力求科学种田，实现农业稳产高产，为振兴地方经济多做贡献。

（四）旅游业

广西是旅游资源大省（区），经过多年努力开发，旅游业取得了长足进步，但各个旅游区发展不平衡、效益不均衡，离旅游强省（区）还有较大差距。主要原因在于企业管理，人才培养，设施建设，资金投入，产品促销、创新、维护，规划的制定等赶不上形势需求。因此，管理要注意科学化、人性化、智能化；产品生产要个性化，促销要多样化、经常化；人才培养要实用化；设施建设要低碳化、人性化、现代化；资金投入要多渠道化、刀刃化；创新、维护要经常化、个性化；规划要超前化。要想快速赶上，必须紧跟飞速发展的旅游业大好形势，实施旅游扶贫战略，坚持改革开放，虚心向先进省份学习，走合作共赢之路，实现旅游业发展新飞跃。

（五）动植物资源

广西素有"八山一水一分田"之说。山中除了地质等资源须妥善开发与保护外，还有丰富的动植物资源。如今广西已有多个自然保护区、森林公园、地质公园、世界自然遗产、世界文化遗产等，珍稀动植物已得到了有效保护，森林覆盖率不断提高，要实现持续稳定的保护开发，关键是进一步保护好生态环境，维持生物多样性的特点，向习近平主席提出的"绿水青山就是金山银山"的目标迈进，实现生态价值全面提升。

三、广西盆地经济、社会的展望

广西古老而神秘，人杰地灵，资源丰富。新中国成立后，广西开辟了从经济落后迈向经济较发达的新纪元。特别是改革开放以来，在各级党委和政府的正确领导下，在广西人民的共同努力下，广西经济进入了"快车道"，各行各业日新月异。在新的经济形势下，广西盆地经济如何实现可持续发展，实现"两个100年"的宏伟目标，挤入先进省（市、自治区）行列，需要做到以下方面。

①认真贯彻习近平新时代中国特色社会主义思想，认清改革开放、全民奔小康的大好形势，结合盆地内各行各业的实际，改革创新，扎实做好每一项工作。向江苏、广东、浙江看齐，国民经济总收入上升一个新台阶，盆地人民充满获得感和幸福感。

②培养或引进高素质人才。高素质人才是行业发展的基础、灵魂，离开高素质人才，行业内缺少掌舵人，策划人的发现、发明、创造、前进将成为无米之炊，美好未来将成泡影。故应大力提倡广西人才爱广西，凡是从广西走出去的各类人才，欢迎返乡，支援、推动广西高科技产业发展，同时提倡全国人才帮广西，尽快摆脱广西后进局面。

③千方百计，挖掘潜力，创造财富，看准目标。集中优势人才和有限资金，力求运用高新科技手段及先进设备完成与国民经济有关的能产生较好经济效益的各种科研、生产、建设项目，为广西国民经济快速提升提供技术支撑。

④资源的开发紧跟经济时代步伐，遵循科学化、法制化、规范化、

现代化的原则。立足长远，生态旅游资源应遵循保护中开发、开发中保护的原则，资源开发中力求低消耗、高产出、高效益。矿产资源、淡水资源、耕地资源坚持法制化、科学化开发理念，实施少投入、高回报战略。如铝土矿开发从过去的生产铝锭转为生产高铁、地铁机车材料，石灰岩从生产石灰转为生产高科技轻质碳酸钙，产值成数十倍的快速增长；淡水资源是多行业生存不可缺少的重要条件，对于它的开发，首先必须坚持在法制化的前提下有效开发，珍惜水资源，根据水量、水质、水动力的实际情况，采用丰富多样的开发形式，力求获得更高经济效益和社会效益；耕地资源是农民的命根子，也是全国人民生存的希望。人人都应树立珍惜耕地资源的理念，力求运用高科技手段，提高耕地质量，实现粮食稳产、高产，支援国家建设。

总之，发展中的广西经济将实现国民经济快速腾飞，广西大地山清水秀、人杰地灵、欣欣向荣。盆地内资源得到有效的开发，取得了较好的经济效益、社会效益和环境效益。展望未来，在实现可持续发展的过程中，广西须认真贯彻习近平新时代中国特色社会主义思想，结合各行各业的实际，立足长远，科学利用和保护好各类资源，在"两个100年"到来之时，广西将和全国各个先进省份一样，共同迈进科学化、现代化、信息化、智能化的时代，广西人民将过上富裕、和谐、美满灿烂的幸福生活。

参考文献

[1] 王克荣，邱钟仑，陈远璋. 广西左江岩画［M］. 北京：北京文物出版社，1988.

[2] 邹亚珍. 广西漫游记［M］. 南宁：广西教育出版社，1988.

[3] 朱学德. 桂林岩溶地貌与洞穴研究［M］. 北京：地质出版社，1988.

[4] 翟佑华. 广西通志：地质矿产志［M］. 南宁：广西人民出版社，1992.

[5] 广西壮族自治区地方志编纂委员会. 广西通志：民俗志［M］. 南宁：广西人民出版社，1992.

[6] 陈毓川. 大厂锡矿地质［M］. 北京：地质出版社，1993.

[7] 李世裕. 广西自然保护区［M］. 北京：地质出版社，1991.

[8] 莫大同. 广西通志：自然地理志［M］. 南宁：广西人民出版社，1994.

[9] 祝效程. 广西海岛志［M］. 南宁：广西科学技术出版社，1996.

[10] 傅中平. 广西珍奇［M］. 南宁：广西民族出版社，1997.

[11] 马滨. 当代广西水利建设［M］. 北京：当代中国出版社，1997.

[12] 殷保安. 广西壮族自治区岩石地层［M］. 武汉：中国地质大学出版社，1997.

[13] 罗在明. 当代广西地质矿产业［M］. 南宁：广西人民出版社，1999.

[14] 傅中平. 中国风景名胜荟萃［M］. 南宁：广西民族出版社，1999.

[15] 韦可耀. 长寿之乡河池行［M］. 贵阳：贵州民族出版社，2001.

[16] 张士中. 矿物晶体精品集［M］. 南宁：广西人民出版社，2002.

[17] 廖祯华. 广西壮族自治区地图集［M］. 北京：星球地图出版社，2003.

[18] 赵逊. 中国地质公园地质背景浅析和世界地质公园建设［J］. 地质通报，2003（8）.

[19] 朱学德. 广西乐业大石围天坑群发现、探索、定义与研究［M］. 南宁：广西

科学技术出版社，2003.

[20] 陈昕正.广西通志：旅游志［M］.南宁：广西人民出版社，2003.

[21] 彭元力.桂林山水导游［M］.北京：中国旅游出版社，2004.

[22] 韦玲.闺中珍宝：太平狮山［J］.南方国土资源，2005（11）.

[23] 赖富强，刘庆.趣闻广西［M］.北京：旅游教育出版社，2007.

[24] 粟兵.醉美广西［M］.北京：星球地图出版社，2007.

[25] 肖建刚.广西旅游景区景点大辞典［M］.南宁：广西民族出版社，2007.

[26] 广西壮族自治区地方志编撰办公室.广西之最［M］.南宁：广西美术出版社，2010.

[27] 肖建刚，陈建军，苏长高.朝阳产业，前景辉煌——广西旅游业改革开放回顾与展望［M］.南宁：广西人民出版社，2012.

[28] 肖建刚，梁兵，田凤鸣，等.广西通志：地质矿产志（1988—2000）［M］.南宁：广西人民出版社，2012.

[29] 张如放，傅中平.广西地质之最［M］.南宁：广西科学技术出版社，2014.

[30] 黄艳芳.感悟八桂文化［M］.南宁：广西教育出版社，2014.

[31] 张如放，傅中平.广西地质公园［M］.南宁：广西科学技术出版社，2015.

[32] 张如放，傅中平.广西珍奇［M］.南宁：广西科学技术出版社，2016.

[33] 黄巧，陈玉弦，傅中平.广西旅游地学研究、实践成果及建议［J］.南方国土资源，2018（4）.

后　记

　　《广西盆地》一书是广西专家学者们多年来辛勤工作的成果，综合了地质、地理、旅游等多学科知识，也是编写组同志多年来工作实践的经验总结。该书的撰著大致分为两个阶段：资料收集、工作实践和总结阶段，广西盆地多学科成果资料的综合研究和专著撰写阶段。

　　资料收集、工作实践和总结阶段（1965～2017年）：以傅中平教授为主编的编写组同志收集了《广西地质矿产志》《广西自然地理志》《广西风俗志》《广西旅游志》《广西海岛志》《广西大百科全书》等资料100多份，其中包含了傅中平教授50多年的野外实践和总结，编制的大、中、小型科研报告20多个，主编和参编的专著18部，发表的论文及文章80余篇。傅中平教授的主要著作有《广西地质矿产志》《广西奇峰怪石成因机理分类及开发保护研究》《广西石山地区珍奇地质景观评价、开发与保护研究》《地质学家谈旅游》《广西珍奇》《广西地质公园》《广西岩溶地质奇观》《广西地质之最》《广西火成岩地质奇观》，发表的论文有《广西宝玉石资源简介》《广西岩溶洞穴科学发展观》《旅游岩石学创名及分类》《观赏石成因机理研究》《广西固定型观赏石特征及成因机理探讨》等。

　　广西盆地多学科成果资料的综合研究和专著撰写阶段（2017年12月至2018年8月）：2017年12月至2018年3月，编写组同志对100多份资料进行梳理、分类归纳，进一步提炼、融合；2018年4月至2018年8月是《广西盆地》专著系统创作的时段。

全书是在充分吸收地质、地理、水文、生物等学科前辈专家科研成果精华及傅中平教授50多年野外工作实践经验的基础上，经撰著小组同志密切合作、努力创作而成。全书图稿主要由傅中平、刘玲玲、叶枝、胡贵林四位同志完成，参与部分章节撰著、书稿审核校对的还有陈朝新、韦宇帝、蒲小萍、陈玉弦、黄谢颖、冯文嵩等。全书亮点：一是新。广西盆地中的精华资料新，成果内容简练，开发模式新。二是全。文中内容极其丰富，涉及知识面广。三是高。内容选择的档次高，避免平铺直叙，可读性强。最突出的是第六章，为了突出重点，体现本书的科普作用，面向不同层次的读者，矿产资源仅较详细介绍一般人们关注的矿种，生物资源仅介绍国家一级重点保护的10个植物代表属例、9个动物代表属例，旅游资源避免与其他旅游书刊重复，仅介绍近几年人们知道甚少的由联合国教科文组织批准的世界自然遗产2处、世界文化遗产1处、世界地质公园1处。

全书图文并茂，集科学性、科普性、实用性于一体，是一部精炼通俗的专著，可读性强。它不仅提升了旅游地学的理论研究水平，而且对发展地方旅游经济有着重要的意义。本书在写作过程中得到了在广西从事地理、生物、旅游、地质研究的先辈们及广西机电工业学校有关科室的支持和帮助，在此一并致谢。

图书在版编目（CIP）数据

广西盆地 / 傅中平等著. —南宁：广西科学技术出版社，2018.10
（我们的广西）
ISBN 978-7-5551-0687-6

I.①广…　II.①傅…　III.①盆地－研究－广西　IV.①P942.670.75

中国版本图书馆CIP数据核字（2018）第209252号

策　　划：萨宣敏　责任编辑：赖铭洪　何　芯　助理编辑：罗　风
美术编辑：韦娇林　责任校对：袁　霞　陈剑平　责任印制：韦文印
出版人：卢培钊
出版发行：广西科学技术出版社　地址：广西南宁市东葛路66号　邮编：530023
电话：0771-5842790（发行部）　传真：0771-5842790（发行部）
经销：广西新华书店集团股份有限公司　印制：雅昌文化（集团）有限公司
开本：787毫米×1092毫米　1/16　印张：15.75　插页：8　字数：219千字
版次：2018年10月第1版　印次：2018年10月第1次印刷
本册定价：128.00元　总定价：3840.00元

审图号：桂S（2018）76号